版式设计

原理

陈高雅　编著

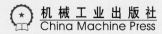

机械工业出版社
China Machine Press

图书在版编目（CIP）数据

版式设计原理/陈高雅编著. —北京：机械工业出版社，2016.7

ISBN 978-7-111-54217-9

Ⅰ. ①版… Ⅱ. ①陈… Ⅲ. ①版式－设计 Ⅳ. ① TS881

中国版本图书馆 CIP 数据核字（2016）第 157790 号

　　版式设计是相对独立的设计要素，同时也是信息传达的重要手段，它实现了技术与艺术的高度统一，对人们的视觉和心理都产生积极的推动作用，在各个领域越来越受到高度重视。

　　本书的写作目的就是传授专业的版式编排技巧，教给大家如何最大限度地活用版式元素本身拥有的意义和信息，获得最完善的版式编排设计。全书共分 8 章，由浅入深地介绍版式设计的基本概念、版式的构成要素、视觉流程以及版式的不同设计形式等，并配合大量经典图例的展示和分析，对每个知识点进行细致讲解和扩展分析，将理论性、知识性和实用性充分融合在一起，使版式效果清晰明确，具有很强的说服力。在应用案例分析中，除了根据每一种版式理论，精选多幅有代表意义的精美图例外，还提供了与图例相对应的版式参考、缩略图解析、设计鉴赏分析等，将绝对不可背离的版式理论全面地传授给读者，帮助读者更加快速有效地将版式编排技巧与实际应用紧密联系起来，从而掌握版式设计在实际操作中的应用技巧。

　　书中观点明确，图文并茂，通过列举大量的案例展示，并结合版式设计案例的特点，对案例进行专业的版式分析，可大大提高读者的审美眼光，帮助读者掌握版式设计的实际应用法则，对所有想要进入版式编排领域但经验略显不足的人群都有很大帮助。本书同时也可作为艺术设计类相关专业的教材，及各类艺术设计人员的参考教材和自学参考书。

版式设计原理

出版发行：机械工业出版社（北京市西城区百万庄大街 22 号　邮政编码：100037）

责任编辑：杨　倩

印　　刷：北京天颖印刷有限公司　　　　　　　　版　　次：2016 年 8 月第 1 版第 1 次印刷

开　　本：185mm×260mm　1/16　　　　　　　　印　　张：14

书　　号：ISBN 978-7-111-54217-9　　　　　　　定　　价：59.00 元

凡购本书，如有缺页、倒页、脱页，由本社发行部调换

客服热线：（010）88379426　88361066　　　　　投稿热线：（010）88379604

购书热线：（010）68326294　88379649　68995259　　读者信箱：hzit@hzbook.com

前言 PREFACE

随着社会经济的持续发展，版式设计早已延伸至人们的精神领域和物质领域中，人们几乎每天都接触并感受着版式设计，一切社会活动都会与版式设计有千丝万缕的联系。作为二维平面设计的基础，版式所表现出的美感与魅力不仅对人类生活产生着直接而深远的影响，也对现代商业的发展起着重要的推动作用。

随着时代的变迁，人们对版式的认识、运用也从感性升华到理性。作为设计的一个重要分支，版式设计以其独特的艺术性、专业性在设计领域享有一定的地位。借助版式的构成理论，可以将纷繁芜杂的设计元素有规律、有秩序地摆放，从而形成具有美学造诣的设计效果。为了给设计创作提供借鉴，本书力求以版式设计的原理和设计法则为基础，运用通俗易懂的文字叙述，将有关版式的各种应用领域的编排方案以及与其相配合的商用范例融会贯通，帮助读者在认识版式的同时，掌握版式编排规律，从而提高对版式设计的分析与审美能力。

本书以版式的基本原理、运用法则、编排技巧及实际运用作为切入点，全书共8章。第1章介绍版式设计的概念，帮助读者认识版式设计的基础知识，为以后的学习奠定基础。第2章、第3章主要介绍版式设计中不可缺少的构成元素，包括点、线、面的构成和特性，色彩的编排构成以及网格在版式中的编排构成等，帮助读者了解版面构成元素的相关知识，进一步理解与把握版式设计。第4章、第5章主要讲解版式设计的基本原则和视觉流程，从版式设计的思路出发，帮助读者了解版式设计的形式法则、整体布局的强调法则、如何利用视觉流程的特点使版面更好地传达信息等方法。第6章、第7章通过对文字和图片相关设计原理的讲解，帮助读者熟练地掌握字体和图片常用的编排方式和个性化应用，使读者懂得如何利用文字和图片丰富版面视觉效果。第8章则对版式设计中的不同形式进行了剖析和讲解，从不同版面的构成形式和设计中的形式美学入手，对版式的构成做重点介绍，让读者轻松地掌握版式的设计精髓，制作出更具美感的作品。

本书内容丰富、图例经典、写作主旨明确，每个知识点后都附加大量精美图例，对相关知识点进行阐述和分析，使读者掌握版式知识后，再在实际运用中得到质的飞跃。本书不仅是学习版式知识的专业图书，也是一本能够帮助读者更加深入地掌握版式设计的实战技能图书，还能作为艺术院校师生及版式设计爱好者的必备工具书。

本书由河南工业大学设计艺术学院陈高雅老师编著。由于编者水平有限，在编写本书的过程中难免有不足之处，恳请广大读者指正批评，除了扫描二维码添加订阅号获取资讯以外，也可加入QQ群134392156与我们交流。

编著者

2016年5月

本书导读
How To Use This Book

1 学习要点

根据设计流程，合理安排书中每一个知识点，帮助读者全面掌握版式设计原理。

8.1 版面的分割类型

分割是版式设计中最常用的表现手法，通过对版面的分割，可以灵活地对版面元素进行有机调整和分配，从而使画面形成各种不同风格的版式效果。

2 知识点解析

结合图例，详解版式设计中的每一个知识点，掌握设计技巧。

所谓分割是指将整个版面分割成几个不同大小的区域，并采用取舍后再拼贴的方式，将图片和文字安置在版面的合适位置。

分割型版面随处可见，包括对图片的分割、对文字段组的分割、对版面各类元素的分割等。同时，分割型版面注重比例和位置的划分，通过对版面进行上下、左右、水平或垂直等区域的划分，以求得视觉上的平衡和审美上的舒适感，掌握好版面的多种分割方法有助于我们对版面内容的控制与编排。

版面的分割效果

8.1.1 上下分割型

上下分割是将版面进行简单、快捷划分的一种分割方法，将整个版面分成上、下两个部分，在上半部或下半部配置单幅或多幅的图片，另一部分则配置文字。上下分割型版面将图片和文字分别进行放置，使图文组合分工明确，版面更加简洁并且易于阅读。

1. 上图下文

将图片置于版面上方，在版面下方配以文字，这种上图下文的编排方式可有效地使观者视觉重心落在图片之上，使人感受到图片所传达的感性而有活力的魅力；而文字部分则安静地置于图片下方，给人理性、合理的感觉。

将单幅图片放大后置于版面上方位置，使图片占据较大的版面空间，给人醒目的视觉感受；而位于下方的段落文字按照图片的左缘和右缘对齐，给人端正、规整的感受。

3 设计原理分析

结合图例，详解设计原理在版式设计中的应用，同时提供了版式设计示意图，帮助读者轻松掌握设计技巧。

如何获取云空间资料

在微信的"发现"页面中单击"扫一扫"功能，打开"二维码／条码"界面，扫描本书封面上的二维码，即可关注我们的微信公众号。关注公众号后，回复本书书号的后6位数字"542179"，公众号就会自动发送本书附赠学习资源的下载地址及相应密码。在计算机浏览器的地址栏中输入并打开获取的下载地址（输入时注意区分字母大小写），然后在文本框中输入下载地址附带的密码，并单击"提取文件"按钮，即可将云端资料下载到计算机中。

④ 设计原理应用
通过对版式设计知识的学习，分析版式设计原理在商业设计中的应用。

构成类型应用
美食广告版面设计

在以美食为主题的广告版面中，美食图片的应用必不可少。将图片置于版面上方位置，通过图片自身的魅力，可在第一时间抓住观赏者的目光，同时通过在版面下方添加适当的文字信息，使整个广告版面更加完整、美观。

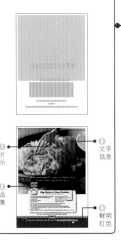

① 图片
展示

② 产品
形象

③ 文字
信息

④ 鲜明
红色

⑤ 案例解析
分析版式设计原理在商业作品中的应用，并提供了设计要点与版式设计示意图。

设计鉴赏分析

分析1
醒目的食品图片
将美食图片进行出血裁剪后置于版面上方位置，突出的图片展示不禁让人垂涎欲滴。

分析2
精巧的产品形象
将产品形象缩小后置于版面合适位置，在不影响版面效果的同时也传递出使食物美味的原因所在。

分析3
详尽的文字信息
将文字信息以卡片形式安排在版面下方居中位置，形式新颖的同时也将广告内容很好地传递给观赏者。

分析4
鲜明的红色
在版面底部，通过鲜艳红色的衬托将网站信息等突出，并与广告主题图片相呼应，增强了食物的美味感。

⑥ 设计鉴赏分析
详解商业作品中的设计要点，帮助读者掌握版式设计技巧，拓展设计思路。

目录 CONTENTS

前言
本书导读

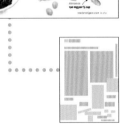

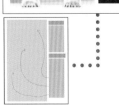

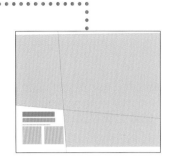

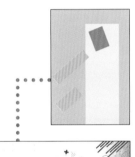

第 3 章　色彩与网格的基本运用　40

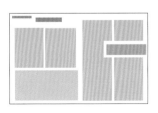

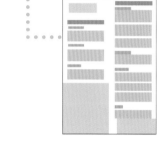

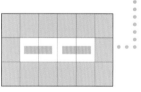

第4章　版式设计的基本原则　　**70**

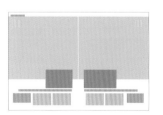

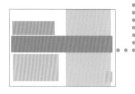

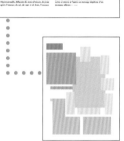

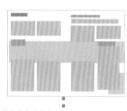

第5章 版式设计的视觉流程 92

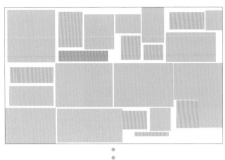

第 6 章　版式设计中的文字设计　115

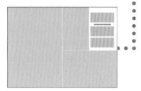

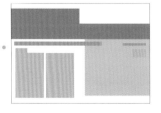

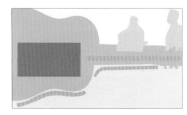

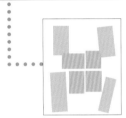

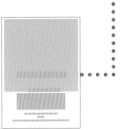

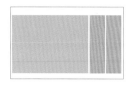
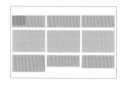
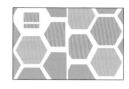

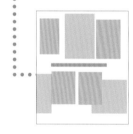

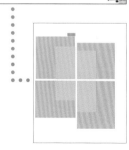

第1章 了解版式设计的概念

版式设计的概念

版式设计是视觉传达的重要手段，同时也是一种具有个人风格和艺术特色的视觉传达方式，全面了解和掌握版式设计的相关概念和知识，可以为日后的设计打下坚实的基础。

版式设计是平面设计过程中的重要组成部分，是在有限的版面空间里将版面的构成要素——图片、图形、文字和色彩等诸多元素，根据版面内容的需要进行有组织、有秩序地编排组合，使画面产生新的形象和风貌。

同时，版式设计也是有计划、有目的地编排展示，将版面中的内容作为一种视觉要素，在传达信息的同时，也能在一定程度上吸引读者目光，帮助读者在阅读过程中轻松愉悦地获取信息。

书籍版式

杂志版式

版式设计是现代设计艺术的核心组成部分，其应用范围广阔，涉及书刊、报纸、杂志、招贴、广告、包装、宣传册等平面设计的各个领域。归根结底，版式通过它特有的方式向人们展示视觉化和文字性的信息，使读者能够轻松地获取相关信息。

海报版式

包装版式

1.2 版式设计的主要功能

好的版式设计能够更快、更准确地传递信息，并促进信息交流。在版式设计中，通过各种不同的版面编排形式来体现其不同的功能性，可以获得层次更加清晰、主题更加突出的版面效果，达到设计的目的。

版式设计最主要的功能是让所有的设计元素都能发挥它的最大作用，通过版面元素的编排达到信息传达的目的。在版式设计的过程中，要全方位地考虑设计中的每一个细节，使承担信息传达任务的各种文字、图形或图片等元素以不同的形式进行组合，使画面形成一个主题鲜明、张弛有度、主次明确、充满艺术氛围的版面样式。

主题鲜明的版面设计

版面规整的书籍内页

版面的构成是信息传播的桥梁，发挥所有版面元素各自的特点与功能，使整个版面完成从视觉到内容的完善性和美观性。在版面设计中，将图片与文字合理地编排，文字与图片形成很好的互动，并具有很强的规整性。同时，图文的合理编排可以大大减少文字过多给人的视觉疲劳感，使读者在阅读时具有明确的阅读节奏和视觉流程。

1.3 版式设计的流程

版式设计的流程对版式设计有着极其深远的影响，每个版式从开始的构思到最终的稿件确定都会经过一个周密的计划流程，这个流程就是版面最终成败的关键。

设计流程就是指进行版面设计方案所要经历的过程，是一个从构思到构思实现的过程。版式设计作为版面信息传达的表现手法和传播渠道，在设计编排的过程中更应注意版面各元素之间的先后次序，使其能够发挥特色，灵活用于版面编排中。

版面设计的流程可简单分为三大类，即在进行版式设计之前，首先需要明确版式主题信息的定位；其次是根据版式的定位确定版面的结构和信息传达的准确性；最后再通过版面风格的确立获得协调、统一的版面效果。

另类风格的版面定位

1.3.1 明确版式信息的定位

版式设计的主要目的就是传达信息，因此对版面信息的定位就显得尤为重要。版面信息定位可以从两方面考虑，一是针对读者群体的定位，二是单纯针对版面主题的内容进行定位。

1. 读者群体定位

版式的编排不能盲目地随心而论，而是要根据读者群体来进行编排。通常情况下，版式页面所呈现出的视觉感受会吸引某一特定人群的关注，因此在做版式设计之前，要明确该出版物所要面向的大众群体，根据这类群体的年龄、喜好等特点来确定版式的定位。

例如在面向年轻人士的时尚杂志设计中，版面应体现出年轻、时尚、个性化的特点。

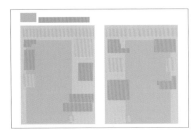

在该幅时尚杂志的版面设计中，设计者选用年轻男女做主体，灵活、醒目的文字配置赋予版面活力、自由的形象，而少量亮色的运用增强了版面设计感，给人简约的时尚感触。

而面向儿童的读物应该根据儿童的年龄来进行设计，无论是版面色彩或文字的选择都需要细细斟酌。版面应尽量多图少文，配以色彩鲜明、富有趣味的图片和少量文字即可。

在该儿童读物的封面设计中，高明度、高纯度鲜艳色彩的运用可使版面带来欢快、活泼的印象，另外，卡通图片和圆润文字的使用也深得儿童喜爱。

针对中老年人的读物编排中不宜使用色彩纷繁、版面元素搭配混乱的设计，颜色艳丽、版面花哨的读物很容易刺激老人的眼球和脑神经，给人不平静感，同样也不利于老人的生活。所以中老年人读物的定位应该特别注意文字的编排，选择字号偏大的文字，内容编排上讲究通俗易懂，规整大方，符合常规的阅读习惯即可。

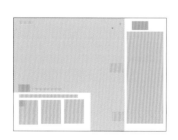

▲ 利用规整的图片和文字摆放，使版面呈现出简洁、流利的视觉感受。选用较大的文字字号，同时注意首字的放大使用和大小文字的层级关系，整个版面简单明了，易于阅读。

2. 版面主题内容定位

除了利用读者群体进行定位外，还需要明确该版面的主题，即对版面主题内容进行定位。只有明确了版面主题内容，为下一步版面的具体编排做好充分的准备工作，才能准确、恰如其分地进行编排设计。例如，以健康为主题的版面在编排上更注重图片的选择与文字介绍，这样可以充分表现出保健类杂志的特征。

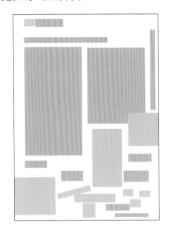

在该幅杂志内页的设计中，将绿色蔬菜和牛奶图片去底后置于版面下方的合适位置；在文字的选择上，选用与蔬菜色彩相一致的绿色，整个版面中的元素息息相关，给人舒适感。

在以介绍产品为主题的版面中，版面的主要目的是介绍和宣传产品，树立该产品的品牌形象，因此在版式的设计中可选用较多的图片展示，配以合适的文字，以达到宣传产品的目的。

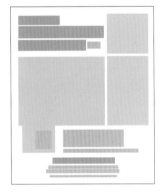

版面定位为室内装饰设计，选用厨房和浴室的设计效果图，置于版面合适位置；而版面左上方以较大的字号作为标题文字，既有效地传达出版面主题内容，又能增强版面醒目性。

在对读者群体和版面主题内容进行定位后，紧接着就需要确定版面信息的准确性，包括对版面设计主旨的确定以及对版面信息内容进行分析和确定，并选择合适的编排形式，最大程度地体现出该版面的功能及特征。

1. 明确设计的主旨

在做设计之前，明确设计主旨很重要。所谓设计主旨是指当前设计的版面想要向大众传达什么样的意思，或者是传达出什么样的信息，又或者是要达到什么样的目的。例如在产品广告设计中，广告的主旨就是让消费者明白该品牌产品的功效，因此广告的内容就围绕产品的功效做出设计效果。

该则平面广告以夸张、抽象的图像做设计，将泼出的果汁和人物服饰变化为人物面部，以亲密的姿态表现出服装不担心被污迹浸污的主题，从侧面传达出该品牌产品强劲的去污能力。

2. 对信息内容进行分析

准确地传达信息也是版式设计中的首要任务。在高速发展的信息社会，信息的传播是很重要的，这就要求设计者在版式设计中，通过合理地搭配文字、图形、色彩等版面元素，在营造具有美感的版面同时，通过版面编排准确、清晰地实现信息传递。

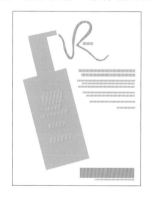

图例中的版面主要目的是介绍产品，因此在编排中，将产品形象清晰地展现在版面视觉中心位置，并结合文字的编排，可以很好地达到宣传产品的目的。

设计方案与版面风格的确定作为版面设计的最后流程，建立于准确的版面定位和准确的信息传达之后，在前两者均得以实现后，版面方案和风格的确定即成为版面的最终成功样式。

版面风格的形成过程实际上是一个主动的、有意识的方案实施过程，其作为一个版面的整体表现形式，最终以最直观的模式呈现在大众面前。一个优秀的版面能在一瞥之中即被大众所感知，就在于它形成了具有个性魅力的版面风格。版面风格形式多变，不同的版面风格能够赋予大众不同的视觉感受。

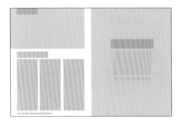

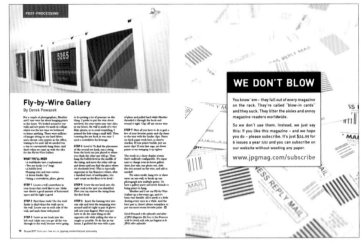

这个版面风格舒爽、安静，利用精炼的图片和规整的文字排版，使版面形成简洁、大气的感觉。

版面风格通常也是美学范畴研究的因素。如何利用版面的编排形成独树一帜的风格典范，利用独特的版面风格吸引更多读者或欣赏者的目光，这是当今版面设计的又一关键因素。

上图为Saude健康杂志的内页，版面左侧充斥着清晰的大尺寸图片，具有较高的视觉冲击力，版式中文字整齐的排列，也突显了高品质、健康与干净的视觉感受。

基本理论应用

　　企业品牌的识别系统必须起到提高企业知名度和强化企业形象的作用，因此该企业识别系统设计中选用对比强烈的色彩作为企业标志用色，醒目的文字作为标志字体设计，既易于识别，又能给人留下深刻印象。

设计鉴赏分析

分析1

互补色的运用

选用互为补色的蓝色和橙色为企业标志用色，简单的图形设计既便于识别，又能形成良好的企业形象。

分析2

标志中的斜向文字

在标志的设计中，将斜向文字置于互补色彩之间，在缓和色彩冲击的同时，又使标志富有动感。

分析3

醒目的英文字母

选用较大字号的黑色无衬线英文字母作为企业标准字，粗壮的文字笔画给人庄重而醒目的印象。

分析4

端正的中文字体

选用较为规范的黑体文字作为企业中文标准字体，给人一种专业、得体的印象，增强了企业的稳重感。

▮ 企业宣传册折页设计 ··

该企业宣传册折页设计中，整个版面选用颜色较深沉的蓝色作为主色调，并配以简洁的白色文字，体现出沉稳、冷静、可信赖的感觉。

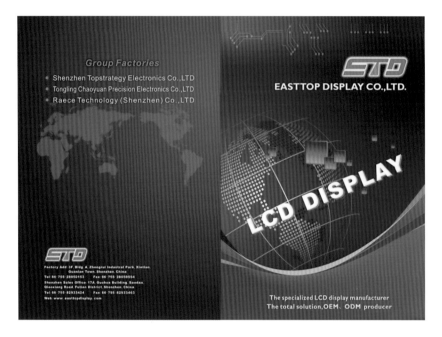

❶ 标志设计

企业标志以变形的英文字体做设计，通过蓝色和橙色互补色的使用以及轮廓线的添加，使标志呈现出极其醒目的效果。

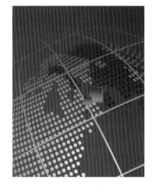

❷ 图片的叠加利用

将地球和地图图片叠加在版面合适位置处，与蓝色的版面色调形成很好的呼应，表现出企业博大、宽广、科技感十足的印象。

❸ 醒目的斜向文字

将白色文字斜放在版面视觉中心位置，在蓝色背景的衬托下，显得格外醒目；同时斜向的放置为原本沉稳的版面增添了几分动感。

❹ 整齐的文字摆放

在折页背面合适位置，利用整齐的左对齐文字将企业详细信息工整排在版面下方，既有效地传达出企业信息，又能与稳重得体的版面风格保持一致。

第2章 不可缺少的构成元素

点的构成
线的构成
面的构成

2.1 点的构成

点在《辞海》里的解释是细小的痕迹，由此也印证了几何学对点的阐述，它是一种只有位置、没有形状的视觉元素，是构成图形和图案最基本的元素符号，是版面构成的基础。

作为造型中的最小单位，设计中的点没有几何学中那样严格的定义，不再局限于用一个小圆点来表示，而是在整体比较中得到，可以有大小的变化、形态的差异、色彩及肌理的不同等各种形式，是一种可见的视觉形象，是所有平面类设计的基本元素，是所有状态发生之前的根源，是最简约、最基本的构成元素。

点的本身并不具备任何情感因素，它是随着人们的视觉习惯、主观意念和心理变化而得到的心理感受与视觉体验。点只有处在特定的环境中才会给人带来特定的情感，进而赋予其多样的生命表现力。

点的构成欣赏

2.1.1 点的形态

点是一种很小的视觉元素，但是究竟多小的元素才能称其为点，这是要通过比较来得出的。有的物体在人们的印象中本身就是体积小而且分散的东西，很直接地给人们留下点的印象，比如说沙粒、绿豆、墨滴等；而有的却是由于距离太远、所处的环境太大而给人留下点的印象，比如天空中的飞机、大海中的船舶、宇宙的星体等；另外一类点就是由于点线、线面的相互交叉而在视觉上形成点的印象，如棋盘上线与线的交叉形成点、几何体中面与面的交汇形成点。总之，点的存在形式是多种多样的，庞大的星球可以被视为点，散构的文字也可被当做点。

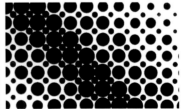

点的不同形式

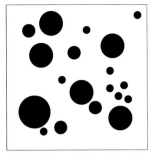

不同大小点的随机排列

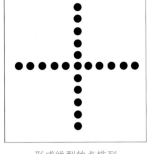

形成线型的点排列

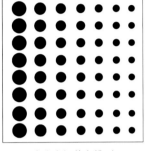

产生空间的点排列

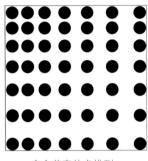

富含节奏的点排列

点的组合效果

点的不同形态组合会带来不同的视觉体验，传达不一样的心理效应和情感，点的大小对比、疏密集散的重复编排都会带给人不一样的视觉感受。

将大小不一的点随机混合排列，会给版面增添节奏感；而将点按照一定的方向进行有规律地编排，会带来线的视觉感受；将点在同方向上进行渐变，会产生进深的空间感；把大小相同的点在距离上进行变化，则会使点具有运动感。总之，点的组合变化是多种多样的，要根据设计的需要灵活运用。

在实际的设计运用中，我们常使用的点是多种形态的，并不仅限于几何概念。点在平面中运用时具有集中视点、吸引视线的功能，对周围的元素具有很强的组织能力。

点在版面中的作用会受到点的数量、色彩和点的位置的具体影响，当位于版面中心时，可以起到稳定版面、吸引注意力的作用；而偏离中心时，在保持吸引力的同时还能使版面具有动态感，把握好点的具体编排，可以起到调整均衡和加强层次节奏的作用。

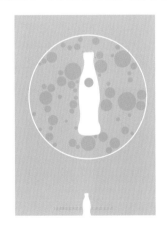

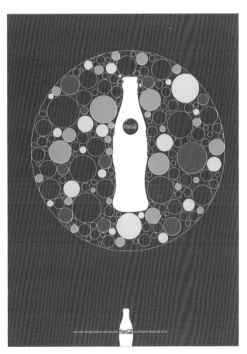

这个平面广告以点为设计元素，利用数量较多、不同色彩和不同大小的点将白色的产品形象包围，很好地将人们的视线锁定在画面中心，给人鲜明的设计感。

点是最基本的构成元素，它具有凝固视线的作用。单一的点容易在版面形成视觉中心，能够吸引并停留视线，产生强调作用；而两点或多点的组合则会造成视线的往返跳跃，从而在视觉上产生线或者面的效果。

1. 点的视觉张力

当空间中只存在一个点的时候，由于点的刺激而产生视觉上的集中力，将视线聚集到这一点上，并随着点的位置不同引起视觉上的不同感受。当点位于版面的中心时，可以起到稳定版面的作用，给人一种稳定感；当点位于版面的边角时，如同逃逸的小鸟，带来一种逃出画面的感觉；当点贴近直立的边线时，会造成视觉上的下坠感；而当点处于版面下方的边角时，不仅有逃出的感觉，更多的是萎缩、没有精神的感觉。总之，位于版面中心的点带有稳重感，而偏离中心的点更具运动感。

点位于版面的中心

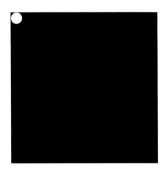

点位于版面的上边角

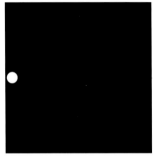

点位于版面的直立边线

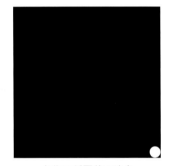

点位于版面的下边角

点在版面的不同位置

点的视觉张力不仅表现在其在版面上的独立性格，更重要的是版面上的点对其周围的元素具有很强的组织功能，这种张力产生在点与其周围的元素之间，是一种向心的品质。

采用放射状的线条来构成版面，使版面产生一种张力。而整个版面的视觉中心却是通过版面上白色的点来制造的，体现了点的向心力。

2. 点的线化

前面讲到点具有向外扩张和向内聚拢的特性，当版面上存在两个相邻的点时，由于点的张力作用，在观者心里会产生一条连接两个点的线；当版面出现三个点或四个点，并在不同方向上分散排列时，也能形成三角形和四边形；同样，当许多点在版面进行排列时，一些与人们熟悉的形态相一致的形态会被自然地通过视线的连接，形成人们所认为的图形，如下图中的多点编排，人们总是习惯地从中找出一个正方形。根据这种视觉上的规律，当点按一个方向重复出现时，会被人们看做是不连贯的虚线。

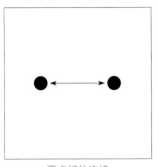
两点间的连接

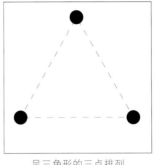
呈三角形的三点排列

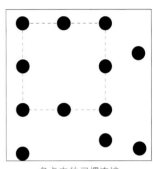
多点中的习惯连接

重复的点形成线

点的线化

点的线化常被运用于平面设计当中，作为构成版面的一个重要元素，用以平衡和变化版面的构成。当然，我们所说的点不仅指几何意义上的点，也包括版面的文字、图形甚至图片等，只要在整体对比中足够小，都可以被视为点，进而构成线，再组成完整版面。

▲ 这个设计是将字母看作独立的点，而不仅是单词的构成元素。为了体现录音带里面胶带的样式，将字母进行线性化的编排，构成一个灵动的版面。

3. 点的面化

　　点的面化有两个含义，其一是指这个点的本身就是一个面，因为一个面在一个足够大的空间内就成为了点，所以点和面并不是两个绝对的概念；其二是指通过多数点密集排列形成在一个平面内，在视觉上会形成一个虚面，并且根据点的不同组合方式，所形成的面也带给人不同的印象。比如，同一个点不断等距重复会形成一个脱离背景的平面，而不同大小或形状的点不等距的重复则会形成一个具有空间关系的虚面。

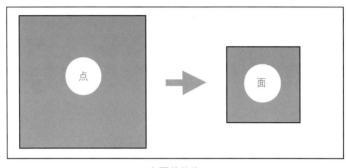

点面的转换

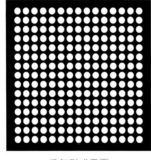

重复形成平面

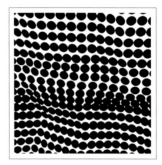

有空间关系的面

点面化示意图

　　点的面化运用到平面设计当中，方便从整体上去把握版面的结构。这种由点形成的虚面可以给版面增加一个层次，同时也丰富了点在平面设计中的作用，可以用来编排成一个形象的图案，有利于信息的直观表达。

◀▮▮▮

整个版面上的豹子图形是通过点的密集编排构成的，点的大小变化使这个图形有了空间感，让形象变得更加丰富和具体，这幅图正是点的面化的充分体现。

点的构成应用

版面上的文字通过色彩的变化来制造艳丽醒目的感觉，同时将字母紧密地编排在一起，形成一个面的形式，与黑色的背景形成一种空间对比关系，还利用彩色文字的穿插来联系版面下面的文字部分。

① 黑色背景

③ 丰富色彩

② 白色文字

④ 融合穿插

设计鉴赏分析

分析1
起统一作用的黑色
将整个版面的背景设置成黑色，可以使版面的各种色彩和谐地统一到版面中，形成一个协调的画面。

分析2
突显的白色文字
在版面上将时间等主要信息的文字设置成白色，利用白色与背景的强对比来提升文字的可读性。

分析3
丰富的色彩组合
版面上部的文字在色彩的选择上极其大胆，使用纯度高的红、黄、绿三种色彩，使文字在传达信息的同时具有装饰功能。

分析4
文字穿插加强融合
利用彩色文字的延长线对下面的白色文字进行穿插，加强上下文字之间的联系，增强版面的整体感。

2.2 线的构成

相对于点，线更能够表现人们所见到的自然界的特征。我们可以从见到的东西里面提炼出无数的线条，而在平面设计等视觉传达领域，线又是一种不可或缺的视觉元素。

在几何学中，线是点运动得到的轨迹，是一种只有长度和位置、没有宽度和厚度的物体，它是一切面的边缘和面与面的交界，是面运动的起点。

线在视觉传达领域中，最基本的前提就是可视性，即线的宽度必须能够看得见，所以这里的线不但有位置，还有长度和宽度。但是无论线的宽度有多大，其长度在视觉上始终是占主导地位的；由此我们也可以得出线是一种具有长度、宽度、色彩、肌理、形状的要素的视觉元素，是设计中最基本也是最容易产生错觉的元素。

线条构成版面

虚拟的流程线

而对于版式设计来说，版面中还存在着一条虚拟的线，它是由视线在版面上随元素移动而形成的一条线，是视线的空间运动线，是构建在人们的视觉心理上的一条不存在但能从心理上感觉到的虚线。它贯穿着整个版面的阅读过程，是设计者根据设计意图精心设置的，这条线就是我们后面将谈到的版面视觉流程线。

线对心理的影响比点更强烈，具有更明显的感情性格，不同的形式表现出来的线就带有不同的性格特点，给人们带来不一样的心理感受，传达不一样的情感，它们既可以在版面制造不同的节奏关系，也可以给版面带来一种空间效果。

通过流线型的线条在版面形成一个跳动的空间，使版面不仅有一种前后的延伸感，同时还有一种左右摆动的运动感。

1. 线的视觉张力

线是点的延伸，是点运动的结果，所以运动和方向是其最显著的特性，代表着点的运动结果与运动方向，表示存在于直线两点之间的张力，带有一种延伸的生长姿态。

水平的线代表着平稳、祥和；垂直的线则是重力的延伸，带有强烈的上升或下坠的感觉；而偏离水平或垂直的斜线让人联想到物体飞行时的上升或降落，有强烈的前进感；曲线代表着一种受力不平衡的弯曲运动，是一种缓和的运动；放射性的线组合有一种向外扩张的力量，是一种方向性很强的运用。总之，线是一种具有强烈力量感、运动感和方向感的视觉元素，在版面中可以起到平衡画面、吸引注意力的作用。

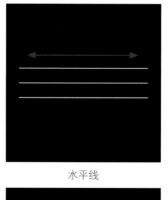

水平线

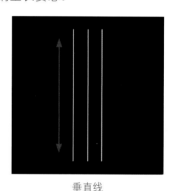

垂直线

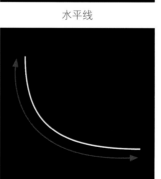

曲线

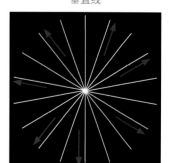

放射线

线的运动示意图

线产生在视觉心理上的聚散、散发、倾斜等不同张力是版面视觉传达不可缺少的一个部分。同时，线的产生对提升版面的吸引力和诱使视线长久地停留在版面具有非常重要的作用。

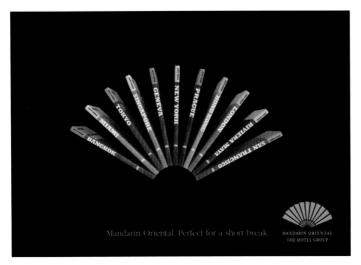

这个版面利用书籍的反射状编排，将书籍的书脊看做线条进行处理，使整个图形有一种向外的发散力，使版面具有动感。

2. 线的情感

线具有极其丰富的情感表达能力，不仅由于其多变的形式和超强的形体表达能力，还在于其符合东方人的传统审美观念，无论是在未开化的先古时期，还是在文明高速发展的现代社会，线条都常被人们作为情感表达的重要方式，其中最杰出的代表就是书法。通过在使用毛笔过程中快慢、轻重的变化，描绘出不一样的线条，表达出作者内心丰富的情感变化，带给人们最直接的视觉感受，由此发现线条不凡的情感表现力。

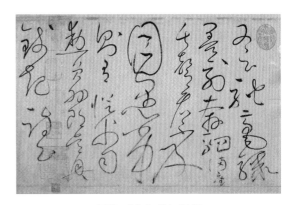

怀素《自叙帖》局部

线作为视觉传达的基本元素，其存在形式是多种多样的，总体上可以分为直线和曲线两大类，其中直线又分为水平直线、虚线、折线、平行线、交线等不同小类，而曲线则包括弧线、涡旋线、抛物线、规则封闭曲线、不规则封闭曲线等样式。

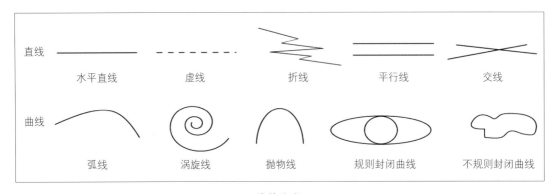

线的分类

线的形式丰富多样，而不同的线型又有着不同的性格，传达不一样的情感。比如直线是速度、刚硬的象征，代表着男性的力量美，粗直线象征着豪放、厚重，细直线象征着纤细、敏感、微弱；曲线则代表着女性的柔和、优雅，自由线条表现着潇洒、随意和优美。同时，线的方向也赋予了线不一样的性格，比如垂直的线饱含生命力和力量感，水平线象征初生或死亡、稳定与安静，斜线富有动势与方向感等。

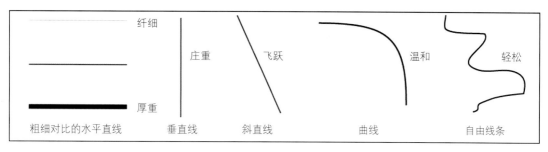

线条性格对比

另外，线表现出来的情感还受到线条本身肌理和线条排列样式的影响，比如光滑的线让人感觉平静、纯洁、流畅，毛糙的线给人粗犷、朴实和有阻力的印象等。不同材质的线条会让人产生不同的心理感受，同样，线的不同排列也可以传达出不一样的情感，通过线条的有序或是无序的组合，可以为版面制造出空间感、秩序感。

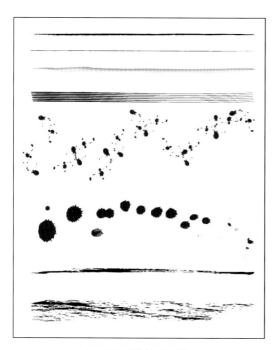

不同肌理的线条展示

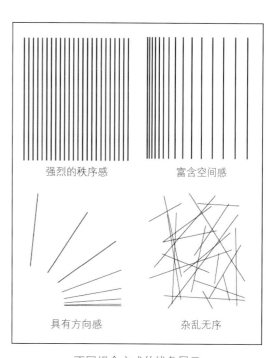

不同组合方式的线条展示

线条丰富多样的情感是其在版面上得到大量使用的前提。设计者有选择地使用最能表达设计意图的线条，可以使设计主题变得更加生动与具体；通过对线的表现的深入了解，能让我们更好地表达情感。

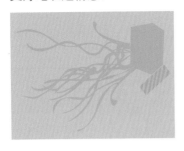

|||▶

使用柔和的曲线，使之从音箱处向外放射编排，向人们传达出柔和的音质效果；同时还利用线条的方向性形象地表现了声音从音箱中发出的方式。

3. 线的节奏

所谓节奏指的是一种有规律的跳动，其表现手法是多种多样的，重复、渐变、放射、聚散等都可以制造节奏感。以线条来说，有的线条其本身就具有节奏感，比如流动的波浪形曲线，重复的起落就形成了节奏感。

线的节奏是在有规律的跳动中形成的，即线条有规律的变化才会产生节奏。线条的存在形式多种多样，所以其组合方式也是无穷无尽的，当线条在粗细、长短、疏密等方面进行变化时，就会产生节奏感。

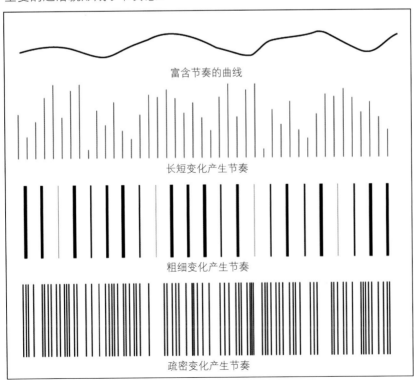

富含节奏的曲线

长短变化产生节奏

粗细变化产生节奏

疏密变化产生节奏

线条的节奏

前面我们提到的产生线条节奏的方法通常很少被单独用到，都是根据版面的具体需要，使用直接有效的方法来构成版面，制造节奏感。

在版式设计中，最常见的线条是由文字构成的，文字按照一定的规律，从大小、方向上发生改变，使构成的线条有节奏地运动，表现出韵律感。

这个版面是利用文字构成摩托车的样式与后面波动的线条，丰富了文字的表现样式，而后面的文字沿一定的方向形成线条，给人一种跳动感。

总之，线的张力、情感与节奏作为线条的三个基本属性，从不同的侧面向我们展示了线的构成特点。学会综合运用这些因素，编排一个富含节奏、情感和空间的版面，将不同情感的线有节奏地编排在版面上，得到一些不一样的视觉效果，提升版面的视觉效益。

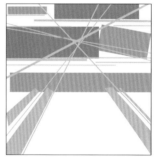

这是一个以文字为主的版面，在文字的编排上通过置入线条，使整齐划一的文字结构更加丰富多变。同时，将文字编排成一组组放射状的线条，与直线相呼应，使版面有一种向外的扩张感。

线的构成应用

极具视觉冲击力的海报设计

　　这幅海报的视觉效果是由替代头像的图形和倾斜的线条构成的，这种方法首先在形式上就已经具有一定的新颖性，能够引起人们的好奇心；而线条的加入又增加了版面的动势，让整幅海报有了动起来的感觉，引起人们的关注，进而实现宣传目的。

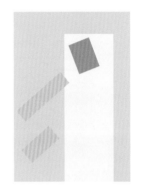

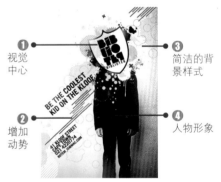

❶ 视觉
中心

❷ 增加
动势

❸ 简洁的背
景样式

❹ 人物形象

设计鉴赏分析

分析1

营造版面视觉中心

版面用图形代替人物的头像，并将版面的主题文字突出编排在上面，使其成为版面的视觉中心。

分析2

合理使用线条

利用倾斜线条的动态特点，为版面增添一种动势，让版面的情感变得丰富起来，力求引起人们的共鸣。

分析3

简洁的背景样式

利用点的密集编排和一些线的组合，使版面背景更加简洁，但这不是单一，而是让版面效果变得更加具体。

分析4

人物形象的借用

这个版面的人物形象并不是版面的主体，而是利用人物形象在整体性上的不完整引起人们的关注。

当版面上内容比较多的时候，可以使用线对版面进行分割。通过线的分割可以使页面保持良好的视觉秩序，形成一个和谐、统一的页面，同时也能产生空间层次关系，让整个版面更富于变化。需要特别说明的是，线条的分割作用运用于版面，不仅是对版面的图文进行划分，有时也被作为版面的形式元素，参与版面的构建。

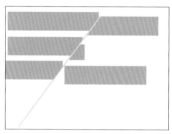

在这个文字组合的版面上，文字在字体大小和颜色上没有变化，为了打破规整的文字带来的呆板感，可以利用线条对其进行分割，并使文字形成错位，带来层次感和空间感。

在对版面进行分割时，要充分考虑版面元素间的主次关系、呼应关系以及形式关系，同时注意把握元素之间的空间关系，保证版面有一个良好的秩序感，获得整体和谐的视觉版面。

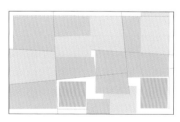

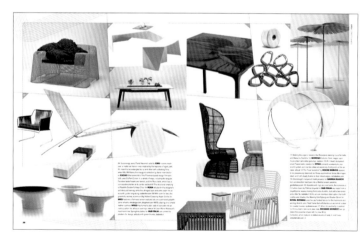

版面上的图片是以集中的形式出现的，为了增加版面的层次关系，设计者没有一味地控制图片的大小，而是利用线条的组织作用，对版面上的图片文字进行分割、组织。

1. 线的等量分割

所谓等量分割是指分割出来的形状可以不一样，但是每个部分在视觉中却有着相同的分量，也可以被看做是追求每个部分在面积上的大致相等。这种分割方式由于在形状上没有严格的限制，所以形式上更富于变化，同时又能保证视觉上量的相等，得到均衡感。等量分割又可以具体分为等形等量分割和不等形等量分割。

同时，在等量分割的基础上将相邻的一些分割线取消，会得到一个与原来的形状成整数倍关系的新形状，以求在面积上形成一种和谐的、有节奏的对比关系，是一种规整的比例分割。

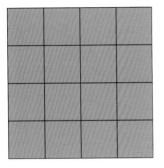 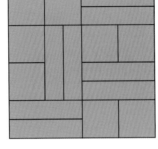 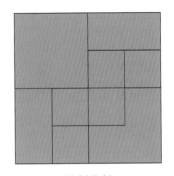

等形等量分割　　　　　　不等形的等量分割　　　　　　比例分割

等形的等量分割因为其在形状和面积上大致都是相等的，所以这种方式构成的版面结构较严谨，版面容易得到一种平稳统一的效果，但也容易出现结构单一、形式呆板的效果。在处理这种构图时，需要对这些划分出来的区域内的元素进行适当调整，使之出现一定的对比，以求在统一的形态下呈现出和谐的美。

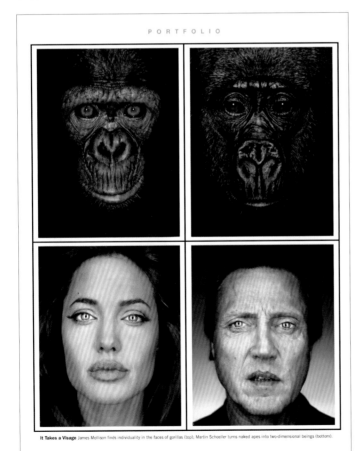

PORTFOLIO

It Takes a Visage James Mollison finds individuality in the faces of gorillas (top); Martin Schoeller turns naked apes into two-dimensional beings (bottom).

这个版面利用等形等量的分割方式进行块面分割，使版面每个部分的图片都是一样的大小，让图片的组合有一种规整的感觉。

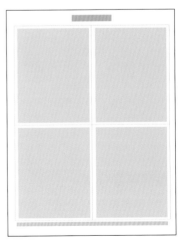

而不等形的等量构成由于没有形的限制，所以表现出了更强的结构灵活性和编排自由性，追求的是视觉上的平衡感。这种方式组织的版面整体氛围上更加活泼，由于在量上一致，所以构成的版面也有一种秩序的平衡美。

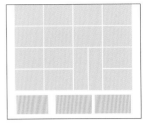

图片在编排过程中整体上控制了图片的大小与形状，但是为了避免大面积相同图片编排而导致版面缺少变化，其中的部分图片在保持面积不变的情况下改变了形状。

分割版面的线条形式是多种多样的，有曲线、直线、虚线等不同类型，但是从其存在形式上看，又可以将这些线分为积极的线和消极的线。

其中积极的线是指使用工具或手绘制出来的线以及我们常用的线条，是实实在在的。这种线条给人们最直观的视觉印象，也能够帮助人们直接感受到版面的分割效果。

版面利用积极的线条来划分图片与图片之间的关系，使图片间的区分变得更加明确，人们不需要花费过多时间就能对图片进行区分。

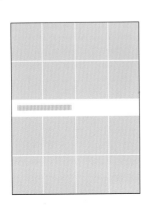

消极的线是指存在于我们感知意识中的线条，如形体的转折、点的有序排列等以及不直接形成线，而是通过间接的方式，如利用面与面的不相接显现出线的存在。这种方式的线具有一定的消极性，不能够决定自身的形状及走向。消极的线运用于版面中，使版面的分割变得含蓄，不那么明显，让版面结构更具有灵性。

这个版面利用消极的线条来对图片进行区分，让图片间的过渡变得含蓄自然。在运用这种消极线分割时要注意图片间的色彩要有一定的区别。

2. 图文的直线分割

图片和文字混合编排在版式设计中是最常见的组合方式，而且图片和文字的编排方式也是多种多样的。图文编排首先需要注意的一个问题就是二者之间不能互相干扰，影响版面结构的统一和阅读的流畅性，这就需要对图文进行一定的区分。而直线的空间分割可以使版面获得更流畅、清晰的秩序，让版面更有条理性。

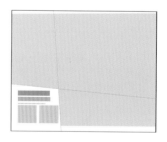

在这个图文混编的版式中，利用两条淡淡的线条，在图片中划分出一个空间，进行文字编排，这样让图片的切割变得自然，不会显得过于僵硬。

3. 线的引导作用

线的延伸性使得线还具有引导作用。利用线的合理安排可以引导人们的视线按照指定的方向进行移动，使版面元素间的联系更加紧密，使阅读变得更加便利；线的引导性多用于散构的版面和需要制造新鲜感的版面之中，同时也用于图解文档中，作为图片的说明线。

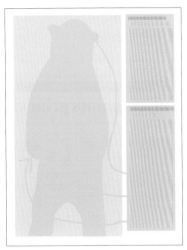

利用红色的线条来连接文字和北极熊身体的一些部位，这样让分开的图文有了联系，引导人们的视线在图和文之间进行转换。

图片的说明线多用于图片和文字过于复杂的版面，用以连接图片和说明文字。作为说明线，在运用时需要注意，线的指示位置一定要明确，不然很难让人理解；同时还要统一说明线的角度和长度，尽量使其保持一致，让版面更加整齐、统一。

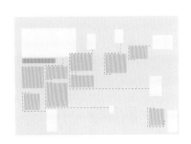

这是一个对图片进行说明的版面，为了保持版面的简洁性，设计者将文字进行了几种编排，但是为了实现说明的效果，通过线条来连接图文，同时还在线条的形式上保持了一致，以确保版面的完整性。

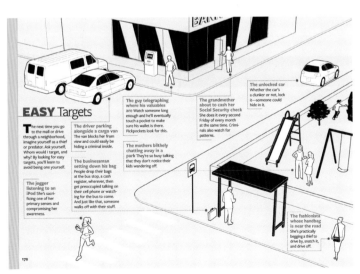

线的构成应用

典型的报纸版式设计

报纸作为向公众发行的印刷出版物，有极其丰富的文字含量，因此在报纸版面的设计当中，将文字段落以相同的栏宽进行分栏，有助于减少过多文字给版面造成的紧凑感，同时也可保持版面的整齐与规范性。

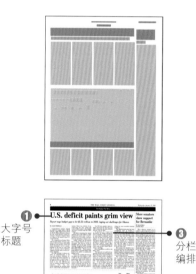

大字号标题

运用图表

分栏编排

线条分割

设计鉴赏分析

分析1

标题选用较大字号

报纸的标题一般选用字号较大的文字，这样方便读者在阅读时检索每个文档的大概内容。

分析2

图表的妙用

图表是报纸上运用得比较多的元素，它能够更好地说明一些数据方面的信息，能带来直观的表达效果。

分析3

正文分栏编排

将正文进行分栏编排，可以有效地缩减文字的行距，提升阅读速度，同时也便于合理安排版面信息。

分析4

使用线条进行分割

利用细线条对版面的信息组进行分割，让文档与文档间更容易区分，不至于影响版面阅读。

　　线的闭合就会形成一个形，进而会产生面的感觉，具有一种强烈的限定作用，可以在版面中形成一个焦点，达到强调线框内内容的目的。而线框作为一种视觉元素，不同的形式具有不同的性格特点，给人带来不一样的视觉感受。

1. 限定版式中的编排元素

　　线框对版面空间进行分割和限定，使版面有一种被限制的紧张感觉；通过线框的运用，可以对版面的元素进行划分，使其和其他内容区分开来。比如正文和索引文字之间就可以使用实线或虚线框进行一定的区分，以免混淆这两种不同功能的内容。

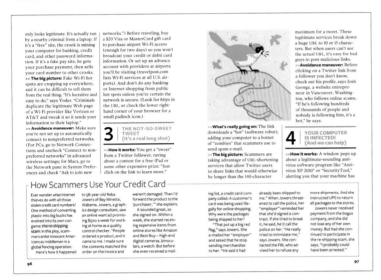
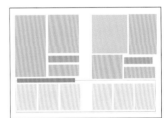

版面下面的文字信息与上面是有差别的，所以为了更好地将它们进行区分，设计者选用线框来限定这部分内容，让读者在阅读时能够更好地识别、区分。

　　线框的限定作用还表现在对版面结构的影响。通过线框的组织和限定，将版面元素按照这种线框的结构进行规则设计，使版面更加稳定，具有很强的理性秩序感，使阅读更加流畅。

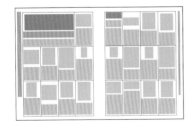

这个版面是通过线条的框架形式来组织图文信息的，它可以让版面信息更加有序，同时也让整体的视觉流程变得流畅、自然，使阅读变成一个自然的动作。

2. 线框的强调作用

如下右图所示，通过线框的分割和限定，让被分割和限定的文字或图形在线框的范围内产生紧张感，加强这些元素的视觉效果，进而在整个版面中显得特别出众，引起观者注意。

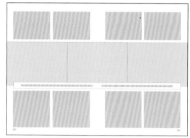

整个版面效果以平稳为主调，没有多少新奇的内容和样式注入版面；但是在这种平稳的版面中也有需要突出显示的信息，所以设计者选用了线框来对其进行强调。

线框在强调信息的同时也起着装饰版面的作用，所以对线框样式的选择也是非常重要的。优美而符合版面需要的线框能够很好地完成吸引注意力并使版面更加美观的任务；当然，线框的形式选择最主要还是由所强调的内容来决定，比如被强调的对象是说理性很强的文字或图形，可用有规律的几何形线框来限定，使形式与内容完美统一；而感性的、趣味性强的文字或图形则可选用较随意的线框来限定，使被强调的对象更具有趣味性。

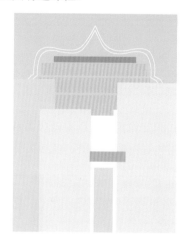

画面中利用几何线框的形式将文字信息突出，使视线很容易集中到画面中的信息内容。线框的使用不仅起到了强调作用，还使画面更加美观。

3. 粗、细线框的不同视觉感受

线框的粗细不同，给人的视觉感受就不一样，同时也会影响版面的整体视觉效果和对视觉的吸引力。

粗而实的线框会让版面的图片被强调和被限制的感觉加强，同时视觉注视度随之加强，版面也会变得稳重；但是过粗而又缺乏变化的线框容易产生一个呆板而封闭的空间，进而脱离版面这个整体，产生不协调的感觉。

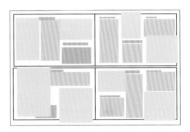

 版面使用较明显的粗线条来划分版面内容，利用线框划分出同等大小的版面结构，并将去底图片和文字限制在框架结构内；同时，粗线条的使用增强了版面的稳重感。

当线框细而虚的时候会得到一个轻快而有弹性的版面，与版面的其他元素没有太强烈的对比，使其很容易融入到版面的整体结构中。但是，由于其较弱的对比，使得线框的吸引力下降，强调的效果减弱。

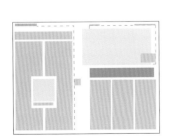

使用虚线来组织版面，可以使整个版面更加和谐。在这个版面中，虚线的加入不仅没有影响版面的整体效果，还可以很好地实现版面划分的目的。

线的构成应用

运用线框组织版面

在下边的版面设计中，设计者利用多条垂直线条将版面划分为等宽多栏的分栏形式，使版面自然形成由上至下的垂直视觉流程；文字则以垂直线条为边线，进行左对齐排列，版面规整、富有秩序；而多种色彩的圆形图案设计为画面增添了几分不一样的特色。

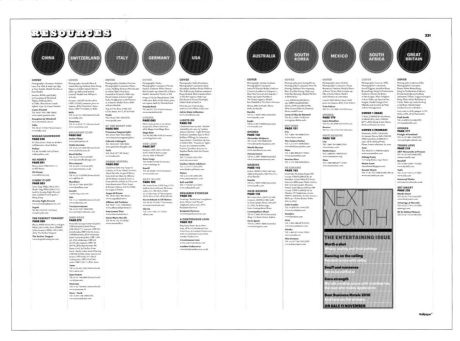

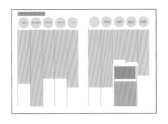

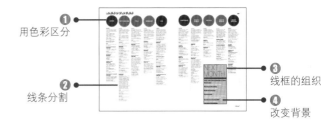

用色彩区分

线条分割

线框的组织

改变背景

分析1

利用色彩区分信息

在版面上通过不同的色彩区分不同的信息组，以便于读者进行比较。

分析2

线条划分文本区域

每一组信息之间使用一条浅色的线条进行划分，避免文字间的相互干扰，便于阅读。

分析3

利用线框来组织信息

将需要特殊显示和有差别的信息用线框区分开来，可以让版面信息保持一定的独立性，同时还能保证版面的完整性。

分析4

改变线框区域的背景

将线框中的区域填充上与整体背景不一样的色彩，可以增加该区域的吸引力。

2.3 面的构成

面在几何学中是指线移动的轨迹，也可以被视为点的扩大或聚集、线的宽度增加或围合。在版面中，面是线分割后产生的空间，也是版面中最常见的一种形式。

相对于点和线来说，面具有长度和宽度，没有厚度，是一个个体的表面；同时还受线的界定，具有一定的形状；它在空间中占的面积最多，具有明显的量感和实在感。平面中凡是不具备点、线特征的形象就是面，它是平面视觉传达中最基本的造型要素之一。

面可以被划分为积极的面和消极的面，积极的面是指由点、线的移动或放大而形成的面，即常说的实面；而消极的面则是由点、线聚集而产生的面，即虚面。在版式设计中，最常见的面的一种形式就是由文字构成的虚面。

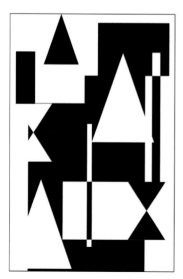

文字形成的虚面

面和点、线一样，不同的形态具有不一样的性格和情感。在二维空间中，面是表情最丰富的元素，通过其形状、大小、虚实、色彩等变化带来不同的情感体会。

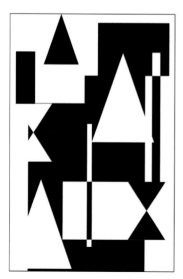

直面构成

虚面构成

其中最直接也是最具代表性的面是直面和曲面，直面是指由直线构成的面，具有稳重、刚强的特点，象征着男性的性格特点；而曲面则是指由曲线所形成的面，具有动态的、柔美的感觉，代表着柔和的女性美的特点。

同时，根据构成面的形态类型，还可以把面分为规则的形体的面和无规律形状的面两类。

所谓规则形体的面指的是面的形状是一种明确的有机形态，看见这种面会给人一个直观的印象，是人们在现实中或概念中所熟悉的物体，比如概念形态中的几何面与现实形态中的有机形体面。

1. 几何面

几何面又叫无机面，是通过数学的构成方式，运用直线、曲线或直线曲线结合而形成的面，如正方形、梯形和圆形等。这种类型的面具有简洁、明快、理性的特点，在编排时很容易与版面其他元素相协调，所以版式设计中最常见的面就是几何面。

▮▮▮▶

这个图形就是利用一些有规律的几何面构成的，再辅以色彩的变化，最后得到一个简洁明快的图形，给人一种理性的感觉。

2. 有机形体面

所谓有机形体的面是指不能够通过数学方法求得的形态，即自然界中生物体的形象与人工形成的物象，如草木、汽车、花朵等。有机形态是对具体物象的简化概括，规律性比较弱，所以在编排时需有意识地去发现形与形之间的联系，使得到的面更有秩序感。

这类型的面虽然规律性弱，但是其有机的形态容易诱发观赏者的情感，产生联想，具有生机、膨胀和优美的特性。

◀▮▮▮

版面上的"鸽子"形象是自然形象的高度概括，这种形象会使人们很自然地联想到与之相对应的象征意义——"鸽子"象征着追求和平的意愿。

2.3.2 无规律形状的面

无规律形状的面是相对于有规则形体的面而言的，这类型的面具有随机性与偶然性，不像规则形体面那样有一定的形态原型或是数据规律可以遵循，根据形成的方式可以被划分为偶然形态的面与自由形态的面两类。

1. 偶然形态的面

偶然形态的面指的是通过自然或人为偶然形成的形态，可以通过拓印、熏烤、腐蚀、喷洒等手段制作而得，具有一种不可复制的意外性和生动感，表现出一种自然美和朴实感，用于表现那些轻快的版面。

这个版面的背景是由墨汁喷溅得到的，这种效果具有很强的随机性，传达出一种自然的美感，给人留下深刻印象。

2. 自由形态的面

自由形态是一种不规则的构成样式，通过自由的、徒手的线条构成，具有很强的造型特点和鲜明的个性特点。但是由于这种面的规律性较弱，需要在整体效果上有规律感，才能使自由形态的面有头用价值。

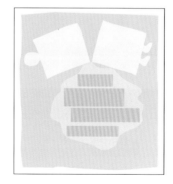

版面主要由多个不规则的面构成，形态各异的黑色和红色的面形成鲜明的对比，红色的面仿佛由黑色的面倾泻而出，形成一个造型自由且独特的面；白色文字的添加则很好地突出了画面主题。

面的构成应用

卡通插图设计运用

　　这个版面是卡通插图的具体运用，将较大字号的彩色文字作为面呈现在画面之中，使整个版面带有很强的青春气息和活泼的氛围，同时还通过黑色的背景和一些小点的添加，让版面具有很强的空间感。

❶ 立体
文字

❸ 卡通
形象

❷ 撕裂
字体

❹ 纯净的
色彩

设计鉴赏分析

分析1
立体文字效果

使用加边线的立体文字，同时较大的字号作为版面中立体的面，可以给版面带来一种空间变化。

分析2
撕裂文字的运用

同样利用较大字号的撕裂文字效果作为面展现在画面之中，具有很强的视觉冲击力，增强了版面层次感。

分析3
卡通形象的应用

在版面上运用了卡通形象，为版面营造了一种轻松的氛围，不像我们平时常见到的招贴那样严肃。

分析4
纯净的色彩选择

纯度较高的绿色不仅代表着自然的色彩，象征着活力，运用在版面上的纯绿色还带来干净的感觉。

高科技产品的宣传册内页

在以高科技产品为主题的宣传册内页设计中，通过图片去底来展示样式新产品流畅优美的外部轮廓线，可以给人带来高级的感觉。同时背景色的使用可增强版面美感，使版面更具吸引力。

❶ 标题区别显示

对标题的文字和标题区域的背景色彩进行变化，同时这种深灰色的背景还与产品的黑色形成呼应。

❷ 图片去底的运用

将图片的背景去掉，直接展示产品的样式，使消费者对这种产品有一个深入的了解，留下完美的印象。

❸ 黄色背景的运用

由于产品本身的色彩是丰富的，为了让去底图片展示得更充分，背景色彩的选择比较重要，需要选择与所有产品颜色有一定对比的色彩。

❹ 通过色彩来串联版面

整个版面的图片和文字通过同一种色彩来统一，可以让这种包含有多种信息的版面不再分散，而是成为一个统一体。

第3章 色彩与网格的基本运用

色彩的编排与构成
网格的编排与构成

3.1 色彩的编排与构成

简单地说，色彩就是人眼对光的视觉印象。我们所看到的大多数物体都是有色彩的，并且每种不同的色彩还会给我们带来不一样的心理反映，所以色彩也就成为版式设计中用来传达情感的重要手段。

色彩是人脑识别反射光的强弱和不同波长所产生的差异的感觉，光是色彩的根本前提，可以说没有光就没有色彩的存在。随着人们对光和色彩的认识提高，人们意识到色彩色相的变化是由光波的长短来决定的，人们将能够通过肉眼观测到的光波区域叫做可见光区，通过三棱镜将光线中的色彩分为红、橙、黄、绿、青、蓝、紫七种。

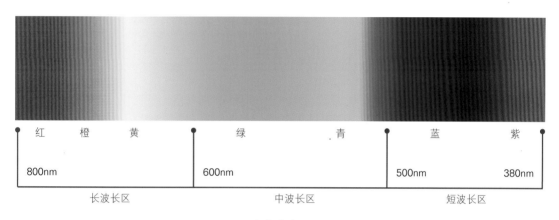

七色光表

为了更好地对色彩进行研究和运用，人们从有彩色中提出色彩的三个基本属性，即色相、明度、纯度。色相就是指色彩的相貌，是在人们视觉上留下的印象，即平时常说的色彩名称在人们头脑中的形象；明度是指色彩的明暗程度以及色彩中含白色或黑色的程度；而纯度则是指色彩的鲜艳程度，纯度随着色彩中加入色相的增多而降低。

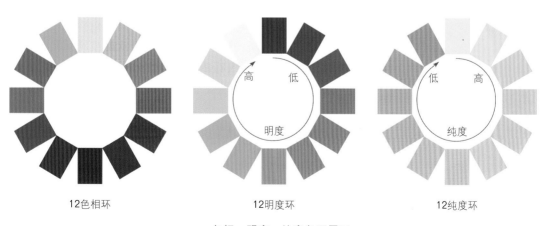

色相、明度、纯度色环展示

不同的色彩给人留下的印象是不一样的，也传达着不同的情感，所以在版式设计中色彩也被广泛运用，既可以传递特殊的情感，也可以制造不一样的视觉效果；既可以用于文字，加强区分度，也可以用于图形，增加其表现力。总之，色彩在版式设计中的表现力非常强，所以我们必须对色彩的作用和构成与调和的方法有一个深入了解，为我们的版面增色添彩。

紫色调的版面效果

色彩的世界是丰富多彩的，人们对色彩的感觉既复杂又实际，不同的色彩向人们传达的感受是不一样的，即使是同一种色彩也会因为人的个性、经历、情绪的差异而产生不一样的反应。但是对于色彩设计，我们在了解个体差异的同时，还需要对色彩的共性进行学习，以便在设计运用时更加得心应手。

1. 唤起不同的情感

不同的色彩或同一种色彩处于不同的环境，会给人带来不一样的心理感受，因为它们存在着冷暖、轻重的关系，能带给人华丽或质朴、明朗或深邃等不同感受。

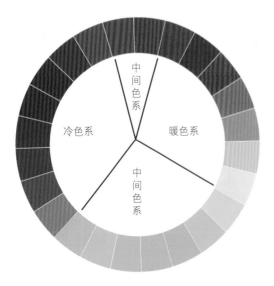

色彩冷暖示意图

所谓色彩的冷暖感并不是指色彩自身物理温度的高低，而是指当人们接触到某种色彩时带来的一种直接的感觉，它与人们的视觉经验和心理联想有密切的关系。它是依据心理错觉对色彩进行的一种理性分类，波长短的红色、橙色、黄色光给人暖和的感觉，即暖色系；而紫色、蓝色、绿色光则有寒冷的感觉，即冷色系。

当然，这些色相的冷暖不是其绝对属性，而是通过色相间的对比得出的色彩感觉。

色彩的轻重感指的是当色彩附着在同一个物体表面时，不同的色彩会让该物体产生与实际重量不符的视觉效果，这种感觉就是色彩的轻重感。

色彩的轻重感主要受色彩的明度影响，明度高的亮色感觉轻，明度低的暗色感觉重。同时，冷色和中纯度的色彩看起来比较轻，而暖色和高纯度与低纯度的色彩看起来比较重。

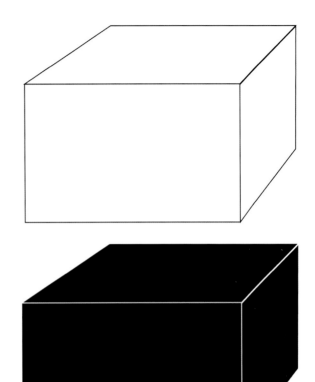

色彩轻重感对比

色彩在冷暖、轻重、强弱等方面的不同也带给人们不同的情感体验，如华丽、朴实、柔和、坚硬等。设计者利用色彩的这些特殊情感，在平面中更好地表达出设计意图，唤起观者的情感体验，引起共鸣，实现设计目的。

▲ 这个版面的整体色调是一种柔和华丽的感觉，为了使版面形成一种统一的色调，设计者利用葡萄的紫色与黄色来组织版面。同时，为了打破这种单一的感觉，还加入了一定的白色，增强对比。

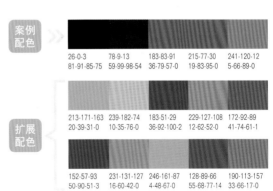

案例配色

| 26-0-3 | 78-9-13 | 183-83-91 | 215-77-30 | 241-120-12 |
| 81-91-85-75 | 59-99-98-54 | 36-79-57-0 | 19-83-95-0 | 5-66-89-0 |

扩展配色

| 213-171-163 | 239-182-74 | 183-51-29 | 229-127-108 | 172-92-89 |
| 20-39-31-0 | 10-35-76-0 | 36-92-100-2 | 12-62-52-0 | 41-74-61-1 |

| 152-57-93 | 231-131-127 | 246-161-87 | 128-89-66 | 190-113-157 |
| 50-90-51-3 | 16-60-42-0 | 4-48-67-0 | 55-68-77-14 | 33-66-17-0 |

2. 产生不同象征

色彩的象征是指将某种色彩与社会环境或生活经验有关的事物相联系,产生联想,并将联想经过概念的转换形成一种特定的思维方式,例如人们看见红色会有一种喜庆与积极的感觉。同时,色彩由于时代、地域、民族的不同会产生不同的象征意义,如白色在中国象征哀悼,是传统葬礼和悼念活动的主色调之一;而在西方象征纯洁,是新娘婚纱的颜色。

白色的不同象征意义

色彩象征意义的设计运用是一个复杂的问题,因为色彩的象征意义是多种多样的,受多方面影响;但是色彩的象征意义的运用又是必要的,因为通过色彩象征性的运用可以唤起人们的联想,进而传递情感。

虽然色彩的象征意义比较丰富,但是总是有限的,正是色彩象征意义的特定性为我们的具体运用提供了有效的手段。我们有必要去熟悉色彩象征意义存在的范围和对应的前提,避免在运用时造成不必要的混乱。

▲ 这是一个关于尊重艾滋病患者的宣传海报,版面上使用了醒目的红色和黄色,红色的标志如同血液,代表着生命;而黄色象征着太阳的光芒,使整个版面有一个积极的氛围。

案例配色

| 254-234-67 | 219-32-39 | 157-33-39 | 0-6-6 | 171-170-168 |
| 7-8-77-0 | 17-96-90-0 | 43-99-96-11 | 92-87-86-77 | 38-31-30-0 |

扩展配色

| 155-131-143 | 186-167-11 | 255-247-173 | 239-191-143 | 254-128-79 |
| 47-51-35-0 | 36-33-99-0 | 4-3-42-0 | 9-32-46-0 | 0-64-66-0 |

| 242-139-143 | 252-198-10 | 234-77-83 | 238-137-202 | 253-206-130 |
| 5-58-32-0 | 5-28-89-0 | 9-83-59-0 | 13-58-0-0 | 3-26-53-0 |

3. 强调不同的重点

通过选用不同的色彩，利用色彩在色相、明度、纯度上的差异对版面内容进行有效的区分，使重点的信息能够从版面众多的元素中脱颖而出，达到引人注意的目的。

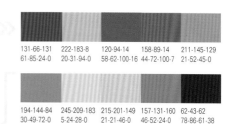

案例配色

| 131·66·131 | 222·183·8 | 120·94·14 | 158·89·14 | 211·145·129 |
| 61·85·24·0 | 20·31·94·0 | 58·62·100·16 | 44·72·100·7 | 21·52·45·0 |

扩展配色

| 194·144·84 | 245·209·183 | 215·201·149 | 157·131·160 | 62·43·62 |
| 30·49·72·0 | 5·24·28·0 | 21·21·46·0 | 46·52·24·0 | 78·86·61·38 |

| 25·4·2 | 109·66·11 | 96·71·100 | 129·112·96 | 254·207·0 |
| 81·89·89·75 | 57·74·100·30 | 72·79·48·9 | 57·57·62·0 | 5·24·89·0 |

▲ 版面中使用纯度和明度较高的黄色色块衬托文字信息，既可以起到装饰版面的作用，又能很好地利用色彩吸引人们的视线。

同时，色彩的强调作用还表现在其易视性和诱目性上，色彩的这两种特性都由某种色彩与周围的关系来决定，是从版面的整体入手进行讨论的。

色彩的易视性是指色彩容易被看见的程度。虽然色彩的易视程度容易受到色彩的纯度影响，但是高纯度的色彩过于耀眼，容易引起不愉快的印象，所以要谨慎使用。要在和谐的前提下提升色彩的易视性，就需要把握好图与底之间的关系，色彩间的易视关系如下所示。

名次	底色	图色
1	黄	白
2	白	黄
3	红	青
4	红	绿
5	黑	紫
6	紫	黑

不易识别的色彩

不易识别的色彩示意图

名次	底色	图色
1	黑	黄
2	黄	黑
3	黑	白
4	紫	黄
5	紫	白
6	蓝	白

极易识别的色彩

极易识别的色彩示意图

色彩的构成应用

色彩层次丰富的海报设计

如下图所示，丰富的色彩运用使版面呈现出一派热闹非凡的景象。虽然使用较多的对比色彩，但由于拥有相同的纯度和明度，因此它不会给人过于刺激的视觉感受。整个海报构造独特，给人一种层次丰富的感觉，令人印象深刻。

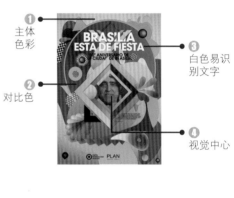

❶ 主体色彩

❷ 对比色

❸ 白色易识别文字

❹ 视觉中心

| 242-185-55 | 4-175-182 | 106-87-159 | 142-194-146 | 233-119-31 |
| 9-34-82-0 | 74-12-35-0 | 70-72-11-0 | 51-10-52-0 | 10-65-91-0 |

设计鉴赏分析

分析1

黄色为主体色

版面的色彩非常丰富，为了使版面实现协调统一，色彩的面积上作了一定的变化，这里以黄色为主。

分析2

对比色彩的使用

为了给版面增添一些活力，设计者大胆地使用了与黄色对比强烈的蓝紫色，增加版面的矛盾关系。

分析3

白色文字的易识性

在丰富的色彩组合中，白色是一种比较容易识别的色彩，它既能与其他色彩形成对比，也可以和其他色彩达到统一。

分析4

视觉中心的设置

将版面的中心设置为版面的视觉中心，通过方框形的色块将人物头像突出显示，形成视觉中心。

3.1.2 色彩的搭配与色调的构成

　　配色指的是将两种以上的色彩搭配在一起，使其在组合以后产生一种新的视觉效果。色彩是不可能单独存在的，某一种色彩必定会受周围色彩的影响，在相互比较中散发出色彩的魅力。而作为版式设计的一个组成部分，配色是以色彩的审美规律来贯穿设计过程的始终，虽然色彩的感性经验不容忽视，但是我们更应该用理性的手段来主动地掌控色彩效果。

1. 配色方式

　　具体的配色方式是以色彩的三要素为基础的，千变万化的色彩效果都是由这三种要素的关系变化决定的，具体可以分为以色相为主的配色、以明度为主的配色和以纯度为主的配色。

　　以色相为主的配色是指根据色彩的相貌来进行色彩的搭配，这种搭配方式是以色环为依据的，根据其在色环上的位置，分为邻近色、类似色、中差色、对比色、互补色等几大类。这种以色相为基础的配色是通过对其明度和纯度进行变化，产生对比，制造版面的丰富感觉，色相为主的配色使版面容易实现调和。

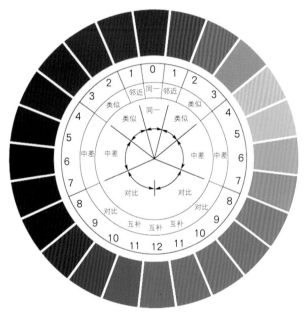

色彩关系图

　　造成纯度变化的原因是在色相中加入了黑、白、灰和对比色，纯度越高色彩越鲜艳、活泼，就越容易引人注目，同时独立性与冲突性也越强；而纯度越低的色彩，颜色显得越淳朴、典雅、安静，但视觉注目度也会相对较低。为了更好地讨论和研究纯度配色，我们将色相的纯度由灰到纯划分为12个阶段，纯度相差的阶段越大，色彩搭配的对比就越强烈；反之则对比越弱。

灰	1	2	3	4	5	6	7	8	9	10	11	12	纯
	低纯度				中纯度				高纯度				

纯度阶段表

明度指的是色彩的明暗程度。明度的对比是色彩构成中最强烈的构成方式，色彩的明暗度可以表现出画面的表情，比如画面明朗能让人感觉到和蔼，而画面阴沉则给人带来沉重感。采用纯度的分阶方式，将明度从黑到白分为9个阶段，以便于我们对其进行学习与运用，

黑	1	2	3	4	5	6	7	8	9	白
	低明度			中明度			高明度			

明度阶段表

在明度对比中，配色的明度差在3个阶段以内的组合叫短调，为明度的弱对比；明度差在5个阶段以上的组合叫长调，为明度的强对比，其中以低明度色彩为主构成中明度基调，以高明度色彩为主构成高明度基调。

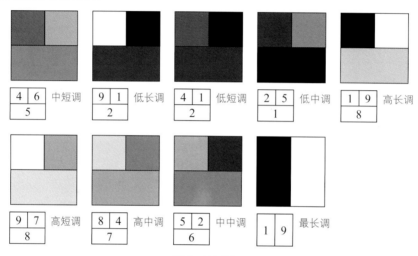

明度对比搭配

色彩的搭配方式是多种多样的，并不局限于我们前面介绍的三种配色方法，此外还有色调配色、色彩虚实对比配色等不同的方法，它们都是在色彩三属性的基础上进行的配色方式。我们在版面上灵活地使用这些配色方法，可以让版面色彩更加协调，效果更加生动。

▲ 版面的色彩单一、干净、简洁，给人带来一种清爽的感觉，同时还有利于版面主题形象的展示。在黄色背景的衬托下，企业的标准色——红色显得格外醒目。

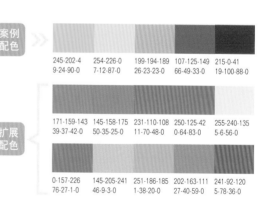

2. 色调的构成方法

色调指的是一个色彩构成总的色彩倾向，不仅指单一色的效果，还指色与色之间相互影响而体现出的总体特征，是一个色彩组合与其他色彩组合相区别的体现。色调受多种因素影响，如色相、明度、纯度、面积等，其中哪种因素占主导，我们就称其为某种色调。

一些研究机构根据色彩明度和纯度的高低，将有彩色的色调划分为12个，无彩色分为5个，这样便于我们在配色时灵活运用，具体分类如右图所示。

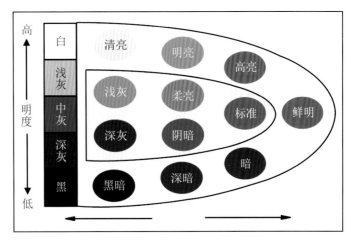

色调的分类形式

色调的构成是从色彩组合的整体构成关系的入手，掌握色彩的节奏与韵律，使色彩之间有秩序、有节奏地彼此依存，进而得到一个和谐的色彩整体，具体可以从色彩的面积、色彩整体的呼应与均衡、色彩的主次等几个方面去具体把握色彩的色调构成。

▲ 版面以红色为主进行配色，所以红色所占的面积也相对较大，具有很强的吸引力；再通过黑色和白色来进行调和，使版面变得稳重。

色彩的面积对于整体的色调倾向具有非常显著的影响，同一种色彩，面积大的则光量、色量增强，易视度提高；反之则减小、减弱；设计者在设计色彩构成时要有意识地使一种色彩占支配地位，以表达我们的设计意图。

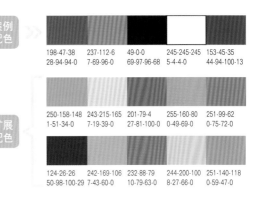

案例配色

| 198-47-38 | 237-112-6 | 49-0-0 | 245-245-245 | 153-45-35 |
| 28-94-94-0 | 7-69-96-0 | 69-97-96-68 | 5-4-4-0 | 44-94-100-13 |

扩展配色

| 250-158-148 | 243-215-165 | 201-79-4 | 255-160-80 | 251-99-62 |
| 1-51-34-0 | 7-19-39-0 | 27-81-100-0 | 0-49-69-0 | 0-75-72-0 |

| 124-26-26 | 242-169-106 | 232-88-79 | 244-200-100 | 251-140-118 |
| 50-98-100-29 | 7-43-60-0 | 10-79-63-0 | 8-27-66-0 | 0-59-47-0 |

任何色块的构成都不是孤立的，它始终会受到周边色彩的影响，这些色彩在版面中的多少、大小和地位是不尽相同的；同时，色彩的冷暖、轻重和远近感也是不一样的。为了达到色彩整体在视觉心理上的平衡，需要对色彩的纯度、明度以及位置作出一定的调整，使它们达到力的平衡与稳定，并与周围的元素建立起呼应的关系。

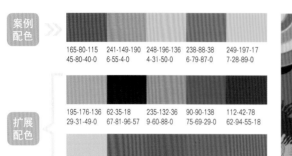

版面的色彩对比强烈，紫色在版面上有一种后退感，而前面的各种形象却变得更加突出。同时，利用色彩的穿插，使版面色彩融合为一个整体。

根据版面的内容和设计的传达意图，将版面的色彩分出一个主次关系来，即主色、副色和点缀色。其中主色主要是版面的主调色彩，通常选用纯度较高、视觉吸引力较强的色彩；而副色则是与主色产生呼应的色彩，它需要与主色有一定的对比；点缀色则具有醒目、活跃版面的特点，以求达到画龙点睛的目的，一般选用与整体色调有一定冲突的色彩。

▲ 版面中红色是主色，而黄色是副色，其他的黑色、白色、灰色是点缀色彩。通过这些主次分明的色彩，版面色彩关系明确，层次分明。

色彩的构成应用

打造温馨的家居配色设计

在这个室内设计中，从室内整体色彩的选择到家具样式和色彩的选择都以简洁为主调，同时营造出温馨、浪漫的家居环境，让处于其中的人能够感受到一种祥和、宁静的氛围。

231·220·218	209·158·147	105·67·65	163·117·83	204·172·156
11·15·12·0	22·45·37·0	61·76·69·25	44·59·71·1	24·36·36·0

❶ 甜美的粉色

❸ 简洁的装饰

❷ 休闲的家具样式

❹ 温馨的地毯

设计鉴赏分析

分析1

粉色的墙面

在室内的部分墙面使用柔和甜美的粉色，为整个环境增添一种温馨的色彩，同时传达出一种浪漫的感觉。

分析2

舒适的家具

在家具样式的选择上偏重于以休闲和放松为主，符合人体力学的流线型家具使人感觉到舒适。

分析3

简洁美观的装饰

在墙面装饰的选择上以简洁美观为主，使其成为整体中的一个重要环节，但同时又不会影响房屋的整体效果。

分析4

带来温馨感的地毯

卧室地毯的选择侧重于制造柔和、温暖感，所以选择这种毛质品，给人带来温馨的感觉。

作为一种非常有效的视觉传播语言，色彩只有具体运用到设计之中才能体现出其价值，是追求其形式与功能的完美结合，在二者的有机融合之中体现出我们的设计意图，通过色彩巧妙地揭示出设计目的与创意。

1. 可识别性

色彩作为视觉元素中最刺激、反应最快的视觉符号，对于版面整体吸引力的提升有着举足轻重的作用。在企业识别系统中，色彩成为决定品牌差异性的关键因素，有助于提高版面的可识别性，使人们能够迅速地留下印象，并进一步巩固记忆。

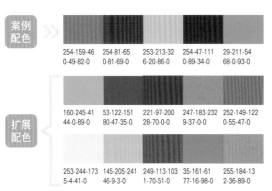

画面中的几款产品虽然是同一类型，但是它们在作用方面有一定的差别，所以为了更好地区分它们，就赋予了它们不一样的色彩，使消费者能够通过色彩对其进行区分、识别。

2. 形象性

色彩一个最重要的特点就是象征性，通过某一种色彩，人们很容易联想到相关事物。比如看见紫色会很自然地联想到葡萄，同时还能引起味觉也产生相应的反应，这就是紫色所代表的葡萄形象带来的一连串反应，所以色彩的形象运用会使设计变得更加生动具体。

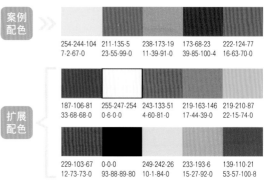

食品的包装设计中，色彩的选择相当关键，合理的色彩选择会通过视觉的诱导，进而刺激人们的味觉，正如这个包装，选择黄色和红色让人们联想起与橘子相关的画面。

3. 时代特征

色彩还具有很强的时代性，它的时代特征是人们有机赋予它的，就像其本身并不具备情感的因素却能引起人们丰富的情感联想一样，是人们在某一时间段由于受外部因素有意或无意的影响而形成的一种对某些色彩的特殊偏好，正如流行色是通过国际流行色委员会确定并大肆宣传而让人们接受并喜欢一样，使用某种色彩在特定的时代具有一种特别的情感。

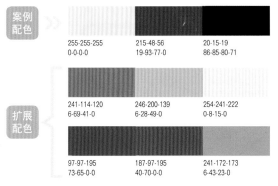

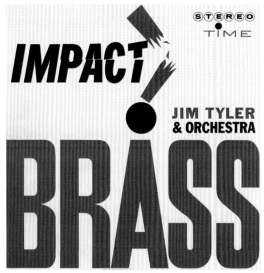

这是一个复古的版式设计，版面上色彩单一，同时整个版面的色彩明度都不是很高，这种样式非常符合20世纪60年代人们对色彩的追求，而对于现代的大多数人来说，这样的色彩就缺少一点生气。

了解色彩的时代特点对我们的设计具有积极的指导作用，使我们能够根据人们的喜好去安排色彩，使色彩的作用得到有效利用。但是，对于这种特性的使用也要注意目标对象，因为时代特点具有一定的时间局限性，一般寿命较短，所以在使用时，对于那些正规的、权威的内容要谨慎使用。

这个版面的色彩使用大胆、丰富，大量高纯度、高明度的色彩集中于版面上，使版面非常热闹。同时通过加入对比关系，让版面关系比较协调，但是这种色彩搭配缺少时间的延续性。

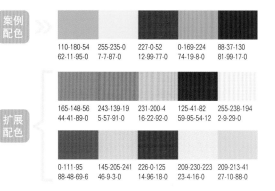

色彩构成应用

如下图所示是一个徽标（LOGO）设计，简洁的图形、简明的色彩、直观的信息传达是这个设计的特点。通过线条和色彩的组合向人们直观地展示了一个飞翔的姿势，让人自然地联想到与"飞"相关的一系列事物，进而给人留下深刻印象。

0-148-218　　254-245-0　　252-254-252　　30-26-23
78-33-2-0　　9-0-85-0　　1-0-2-0　　82-80-82-66

❶ 主题文字
❷ 沿图文字
❸ 色彩穿插
❹ 简洁图形

设计鉴赏分析

分析1

直接的主题文字

这个徽标设计直接将组织的名称放置于版面的上方，并使用黑色的放大字体，使其变得醒目。

分析2

文字沿图编辑

将文字按照图形的走向进行编排，使文字的编排符合版面的整体样式，保持版面的整洁性。

分析3

色彩的穿插

版面色彩简洁，只选用了蓝色和黄色两种。通过色彩的穿插，使两种色彩融合到一起，这样让色彩的整体样式更和谐。

分析4

简洁图形的运用

版面上的图形是使用一些简单的线条构成的，再搭配上简洁的色彩，构成一个轻松干净的图案。

3.2 网格的编排与构成

网格是起源于20世纪的一种版面构成方式，是平面构成中骨架这一概念的延伸，这种分割方式使版面主次有序、泾渭分明，成为目前世界上普遍使用的版面组织方式。

网格的主要目的是方便设计师有效地组织版面元素，充分体现出设计思路。运用网格进行编排是一种更为理性的编排方法，以便于构建一个更为完整的版面。通过对版面的超强约束力，让版面的视觉效果更加稳定，给人一种信赖的感觉。一个好的网格可以帮助设计师在组织版面时有一个明确的版面结构。

同时，由于网格本身的约束力较强，所以在运用网格时如果机械使用，会抑制设计的创造力，并造成版面缺乏表现力。尽管网格是组织版面的重要手段，但它并不是影响版面的绝对因素，我们必须要有选择性地使用网格，以达到提升版面效果的目的。

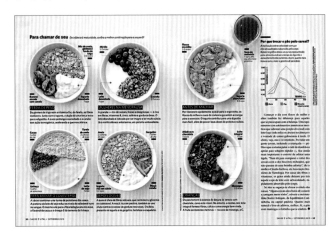

整齐的网格编排

3.2.1 网格的分类

网格作为组织版面元素的一种方法，其具体存在形式也是多种多样的，具体可以分为对称式网格、非对称式网格、基线网格等几大类。

1. 对称式网格

对称式网格指的是在一个单页或对页中，页面的左右方向上的结构是完全相同的，有相同的内页边距和外页边距，而且外页边距要比内页边距大一些。对称网格又可以分为对称栏状网格和对称单元格网格。如下图所示是两种网格样式，红色线为其对称线。

对称栏状网格

对称单元格网格

对称式网格

对称栏状网格中的"栏"指的是版面印刷文字或图片的区域，这种方式组织的版面左右完全对称，很容易实现版面的平衡，使文字的组织井然有序，版面结构清晰整洁，但是也容易让版面缺乏活力，使其显得单调。

对称栏状网格还可以分为单栏对称、双栏对称、三栏对称、多栏对称方式，一般来说，杂志和文学著作多采用单栏或双栏对称，而像报纸这类信息量大的版面可以采用五栏甚至更多的栏数对称。

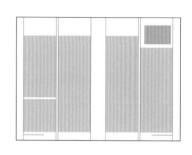

该对页采用双栏对称编排，左右两边的页面保持了相同的外页边距和内页边距，是一种完全对称的版面。这种样式使左右两个页面联系得更加紧密，整体感更强。

而对称式单元格网格则是将版面划分为一定数量的等大小单元格，再根据版面的具体需要进行编排。这种单元格的大小可以自由调节，但是必须保证每个单元格周围的空间是相等的，这种网格让版面具有很强的规律性，保证了版面的整洁与秩序。

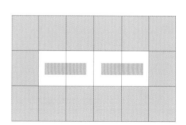

这个版面是利用单元格的构成方式将其划分为完全相等的18个单元格，再将图片和文字编排到单元格之中，使图文具有一个共同的样式，便于整体控制。

同时，这种对称式的网格并不局限于杂志书籍类的对页，在单一的版面中也同样适用，只是它的对称线不再是对页的交接线，而变成了页面的中线，使得版面在左右方向或上下方向呈现出对称的样式。

这个版面利用左右对称的形式组织版面元素，让版面在结构上有一种整齐的感觉，使人耳目一新；同时也使版面流畅自然，便于读者阅读。

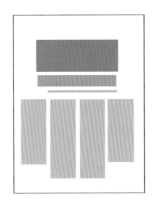

2. 非对称式网格

非对称的网格样式是相对于对称网格而言的，因为对称网格严格的样式使版面过于严谨，同时也限制了版式样式的创新；而非对称式网格可以根据设计的需要灵活地调整网格栏的大小比例，使整个版面充满生气。

非对称式网格也可以细分为非对称栏状网格与非对称单元格网格，它们都是在对称式网格的基础上建立起来的，只是打破了对称式网格的绝对对称关系。

非对称式网格

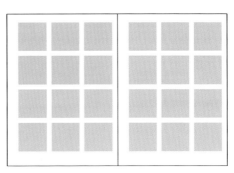

非对称单元格网格

非对称栏状网格

非对称栏状网格虽然在页面的左右依然保持了栏数的基本相同，但是不再追求其对称，甚至在栏的宽度上都有所放松，可以存在一定差别，但是强调每一栏的垂直对齐。这种编排方式有效地打破了对称的呆板样式，使版面更具生气。

这个对页在整体上不是对称的，左边使用大小不一样的双栏，而右边则是使用相等的双栏编排，这样的形式可以方便根据版面的具体情况进行灵活编排。

非对称单元格网格依然采用单元格来划分版面，只是不像对称网格那样需要平均地分布在版面上，也不用保证所有的空白区域都是一样大小。在进行文字图片编排时，将其放置在一个或几个单元格中，使版面变得灵活多样并且错落有致，增添版面活力。

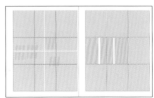

采用单元格的形式组织版面，将左页面的编辑区域划分为4个大小相等的单元格，而右页面则划分为多个不相等的单元格，这样可以使版面的元素排列井然有序并且富有变化；而在版面的内外边距上设置不一样的距离，使左右页面不对称，让整个设计更具灵活性。

3. 基线网格

基线网格是一种不可见的版面参考线，是版面设计的基础，为版面元素的编排提供了一个基准，让版面上的元素能够准确地对齐。

基线对于版面文字的编排具有调节作用，可以让不同字号的文字编排在一个版面时能够有一个对齐的基准线，进而保证版面在整体结构上的整齐，如下图所示就是将36磅、15磅、10磅三种不同大小的文字进行对齐。其中15磅字体的段落为了保持对齐将行距设置为3磅，即（15+3）×2=36，同样10磅字体设置为（10+2）×3=36，这样就保证了文字的对齐，如下图中的灰色区域所示。

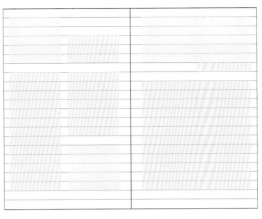

基线网格组织版面

基线网格排版文字

由此我们不难看出基线网格在版面编排中的作用，它既组织了版面元素，隐形的线又不会对版面的样式造成影响，让文字与图片更有效地对齐，使版面保持整齐。

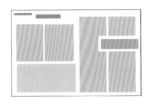

这个版面有图片，也有不同大小的文字，为了实现版面整体的统一，在进行编排时使用了隐形的基线，利用这些基线来对齐版面的图文元素，实现版面的整齐要求。

网格的构成应用

如下图所示的书籍编排方式是一种常见的形式，因为它是对一些编排设计基础理论的运用。这个版面中使用了对称的栏状网格与基线网格，这两种方式的综合运用使版面有一种规整感，代表着一种严肃的样式。

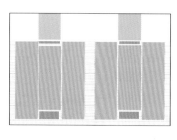

① 图片的运用

② 基线网格

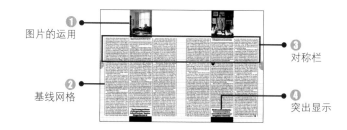

③ 对称栏

④ 突出显示

设计鉴赏分析

分析1

图片的运用

这种以文字为主的版面中适当加入一些图片，可以使版面变得更加生动、丰富。

分析2

运用基线网格对齐

版面利用基线网格来组织图文等元素，可以让版面有一种规整的感觉，也便于设计者整体控制版面。

分析3

三栏对称的形式

左右两个页面使用完全相同的结构，采用三栏的样式编排版面，让人很自然地将两个页面联系起来。

分析4

突出显示重点文字

将版面的一些主要信息或简介性的文字集中突出编排，可以提升该部分文字的可视性，也增强了版面对比。

网格的版面组织作用是非常明显的，通过运用各种形式的网格让版面变得有序而自然，让设计者对元素的编排有了依据，使设计编排的过程变得轻松。

1. 调节版面气氛

网格的运用让版面编排的灵活性提高，可以根据版面信息的具体情况和设计需要达到的效果主动地安排版面的元素。只要在确定的网格框架内，无论怎样组织版面都不会影响版面的整体平衡，反而会因为一些细微的不起眼的调整而引起版面分布的改变，丰富设计效果。

这个版面是在网格的基础上进行图文编排，让版面在对称的基础上有一些变换，使右上部的图片与版面上的大图形成对比，但整体上并不影响阅读的流畅性。

2. 组织版面信息

网格最基本也是最重要的一个功能就是组织版面的信息，通过网格的组织作用让版面文字、图片的编排变得更加精确，为图文的混合编排提供了一个快捷而有效的方式，让版面的编排更加具有规律性。

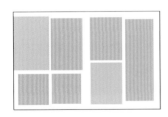

通过网格将版面的图片和文字进行对齐，同时形成对称的两个页面，让版面左右呼应，同时还运用色彩对版面的信息组进行区分，让信息间的关系更明确。

网格的运用可以让设计者将更多的精力放在对版面元素的选择和整体效果的构思上，减少了耗费在图文编排上的精力。网格可以帮助设计师作出更加理性与科学的决定，使设计意图的实现变得简单而且方便，同时，不一样的网格设置也能够体现出版面的风格与性质。

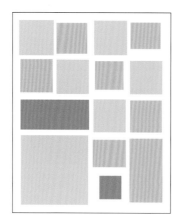

使用单元格分割版面，使版面的图文关系变得更加理性，同时也减少了设计者在对齐图文时所花费的时间，提高了工作效率。

3. 提升阅读的关联性

无论是对称还是非对称的网格都让版面有一个明确的整体结构，更有一个清晰的流程安排，设计者可以根据这种既定的结构分析版面的视觉中心的设置，使流程的安排有的放矢。

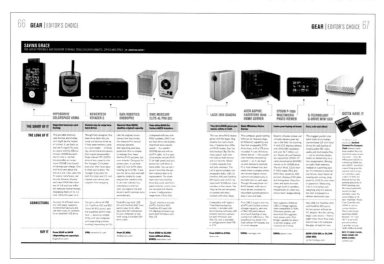

通过分栏，让文字与图片的对应关系变得更加自然，也加强了二者之间的关联性，让设计者对版面流程的控制更加轻松自如，使读者更易于接受。

网格的构成应用

充满吸引力的菜单设计

如下图所示为一则菜单版面设计，整个版面选用双栏的分栏形式，将版面划分为左右两个部分，并在两个部分中分别安置不同大小的图片展示和不同篇幅的文字信息，使版面形成错落有致的空间氛围，从而起到吸引消费者目光的作用。

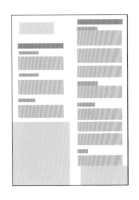

① 装饰作用

② 图片展示

③ 区分色彩

④ 醒目价格

设计鉴赏分析

分析1

装饰作用的图形

将菜单的名称配合图形安排在版面的抬头处，起到装饰版面的作用，同时还能引起人们注意。

分析2

图片的展示作用

通过图片展示出新鲜的水果，使单调的文字版面变得更加鲜活。

分析3

用色彩进行区分

使用色彩将版面不同功能的文字进行区分，这样使消费者能够非常便利地对菜单的内容进行浏览选择。

分析4

简洁醒目的价格

将价格直接简洁地放置名称后面，同时将其醒目显示，这样便于消费者明确消费价格。

网格在版面中的运用是一个过程，从网格的建立到运用基础网格进行编排，最后再到有目的地打破网格，了解和学习网格的特征是我们对其具体运用的前提，也是构建完美版面的基础。

1. 建立网格

网格的建立是网格运用的前提与基础，而建立网格也有多种方法，可以按照固定的直线间隔来建立网格，也可以根据比例来建立。

右图是一个根据固定直线间隔建立的横四竖六的单元格网格，再在每一个单元格中划分出25个小单元格。其中绿色区域的线条是版面的基线网格，而红色线条则是版面单元格分割线和栏分割线，为整个版面的编排提供了基准线。

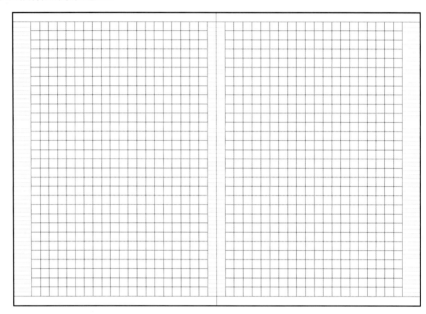

直线等间距网格

这种网格形式可以变化分割出许多种具体编排的版式，使整个系列的版式设计在整体的风格样式上保持一致，而具体到每个单一的版面又有一定的变化。

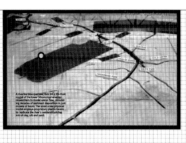

版面上的空白区域较大，使用基线网格编排元素可以使图文之间的关系变得自然，整体的框架也更加整齐，同时还能很好地控制版面的留白。

另一种创建网格的方法就是比例创建，这种方法是根据德国设计师间安·特科尔德设计的一个版面而得出的，它是建立在2:3的纸张尺寸之上，完全依据比例来建立的对称式网格。

这种网格的建立主要是依靠对页与单页的对角线，如下图所示的步骤一是通过对角线对版面进行分割；而步骤二是根据版面的需要在对角线上选择①、②、③三个点确定文字区域的位置；步骤三是通过左页对角线的1/3处，即点④，和右页文本区域的左起点⑤作直线，与右页上边线相交，再通过这个焦点作垂线，得到的垂线则作为版面文字的缩进对齐线；步骤四则是对文字进行编辑，通过文字区域将版面划分成四个区域，a表示内页边距，是b的1/2，b表示外页边距，c表示上页边距，而d则表示文本编辑的宽度。

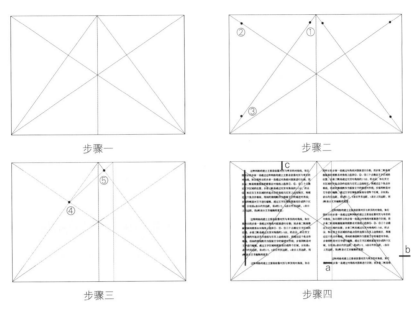

比例关系的网格

通过这种方式建立的网格，划分出来的每一个部分与整个版面都存在着一定的比例关系，使整个版面充满理性色彩，给人留下一个规整的印象。当然，在实际运用中，我们也常对这种网格进行局部调整，进而使版面在理性中充满变化。

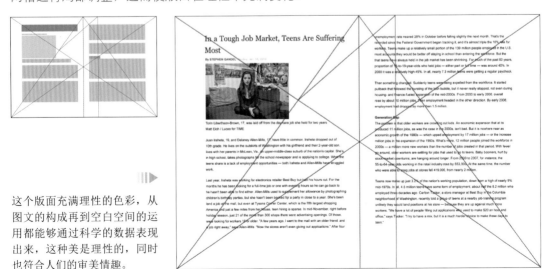

这个版面充满理性的色彩，从图文的构成再到空白空间的运用都能够通过科学的数据表现出来，这种美是理性的，同时也符合人们的审美情趣。

2. 网格的编排形式

设计者可以利用网格编排轻松地实现图文的混编，通过网格来调整版面的图片和文字的区域，并使它们在版面上保持整齐与有序，形成一个规整而统一的完整版面，使阅读变得轻松流畅，而不会给人带来压抑感。

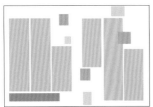

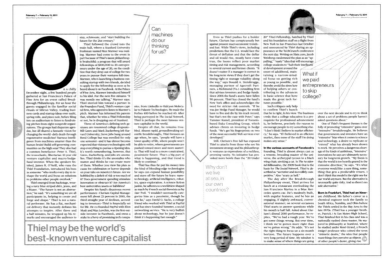

▲ 设计者将三栏对齐、线框引导和色彩突出显示等编排方式运用到版面中，使版面的形式变得生动具体。整体结构上的对称使版面变得整齐，同时还有一条流畅的流程线。

网格对版面编排的作用不仅局限于图文版面的对齐，还可以应用于多种形式的版面编排，尤其对那些元素较为分散的版面更是具有非常明显的组织作用，以求让版面零散的元素保持整齐，以维持版面的整体感觉。

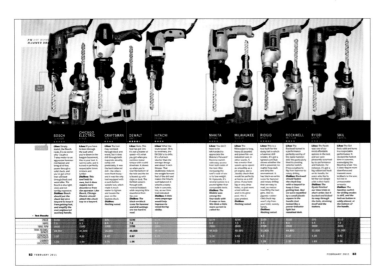

▲ 这个版面上的信息复杂多样，设计者为了更好地控制这些元素，避免造成版面的杂乱，选择了分栏对称的组织方式，同时还利用色彩的变化对其进行区分，使分栏效果变得更明显。

3. 打破网格

网格的运用让设计者从烦琐的文字调整中解放出来，使版面能够保持一个整体的感觉，但是这种规律性强且容易掌握及运用的方法常被广泛地机械地使用，其结果是造成版面呆板，缺乏变化与生气，所以打破网格是一种必然的选择，通过这种方法来提升版面的设计性。

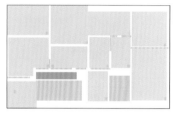

▲ 这个版面没有具体运用任何一种网格编排形式，所以版面的元素在组织结构上缺少一定的规律性，但是，正是这种没有规律的样式让版面充满了活力与自由的气息。

当然，我们所说的打破网格并不是彻底地摒弃网格，而是通过对网格的一些部分进行有目的的调整，以网格中的某一条或几条线为基础进行编排，这样在打破版面呆板的同时也能保证版面的平稳。

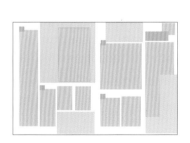

▲ 这个版面是在分栏编排的基础上进行的变化，通过在局部打破分栏结构，可以方便版面元素的具体安排，而不是受框架的严格限制，变得缩手缩脚，影响发挥。

网格的构成应用

网页版面设计

　　这是一个以Flash为主要元素的网页设计，这种元素的运用让版面元素之间的切换变得更加人性化，同时还让版面的样式变得更加自由；动画的置入使网页更加鲜活，充满着活力，极具时代气息。

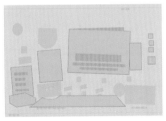

空间制造

醒目链接

突出的色彩

直观形象

设计鉴赏分析

分析1
空间关系的制造
色彩的虚实、明暗变化以及画面物体的运用使版面具有很强的空间感，让版面更像一个储藏室。

分析2
醒目的链接
将链接设置在一个醒目的位置，同时尽量减少周围的元素数量，使链接变得更醒目。

分析3
突出的黄色
版面大量使用突出、醒目的黄色，这种以一种色彩为主体的设计使版面变得简洁，没有多余色彩的干扰。

分析4
直观的人物形象
通过生动直观的人物形象，达到吸引眼球的目的，同时也能够达到突出链接的目的，使版面更加人性化。

倾斜视觉流程的海报设计

在这个海报设计中，在视觉流程的安排上使用倾斜式的流程安排，使版面具有一种强烈的动态感，同时带来一种新颖的视觉体验；再辅以图形的展示，让版面的说服力更加强烈。

❶ 倾斜编排的文字

版面的标题文字采用倾斜编排的样式，与这个版面的设计风格相呼应，让版面在形式上达到统一。

Buy one pair of db, MOMO or SR coaxials or components, or a Polk Audio sub and receive a second pair (or one each sub) of equal or lesser value at 1/2 price. Act Now—Limited Time Offer. See salesperson for details.

❷ 左对齐的说明文字

对于数量较多的说明文字，设计者采用左对齐的集中编排方式，这种垂直的文字编排使整个倾斜的版面有了一种稳定感。

❸ 去底图形倾斜编排

去底图片分散编排在版面上，这种分散的样式让版面在数量上达到均衡，同时也让版面更具活力。

❹ 倾斜的色块编排

通过大小不一、色彩不同的两个倾斜色块，将版面的去底图片串联起来，让图片、文字、图形在形式上取得统一。

第4章 版式设计的基本原则

突出主题
形式与内容相统一
整体布局的强调

4.1 突出主题

任何设计都有一个明确的主题思想，是设计者设计意图和目的的体现。设计作品连接着设计者与接受者，而设计的主题则使接受者与设计者能够在情感上达成共鸣。

设计主题是一个版面的精髓所在，一般位于版面的重点视觉区域，是设计者花费大量精力去经营的地方。一个明确的主题，通过合理的摆放，使版面在保持形式的悦目性的同时还能具有一条清晰的脉络，让信息主次分明，结构井然有序，以达到传达效果的最佳，最大限度地提升版面吸引力，增进阅读者对版面信息的理解。

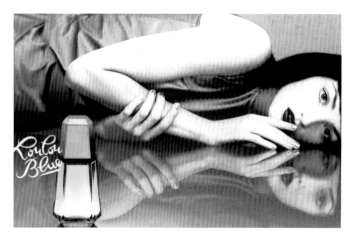

统一色调展示主题

4.1.1 主从关系的确立

每一份设计都会有一个独特的定位，也会有一个特定的目标对象群体，而版面的信息又是多个层次的，这些信息在功能上、形式数量上存在很大差异，所以在设计时就需要根据具体的设计需求，处理好版面信息在形式和功能上的主次关系，追求版面的亮点鲜明到位。

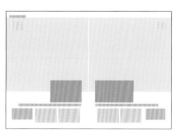

版面中通过标题文字，以疑问的形式向人们揭示了版面的主题，版面其他文字和图片都是为了解释说明这个问题服务的，让人在接触这个版面时有一个明确的目标。

突出版面主次关系最常见的一个方法就是对比，对比不仅能够活跃版面的气氛，提升读者的阅读兴趣，同时也可以让版面产生丰富的层次关系，使主题更加鲜明、突出。

对比具体可以分为面积上的大小对比、数量上的疏密对比以及动态形式上的动静对比等不同方法。

为了区分版面的主次关系，突出主要部分，设计者加强了版面文字在形式上的对比，使标题文字变得醒目，具有吸引力。

4.1.2 整合信息

版式设计就是一个从大量素材信息中筛选提炼最重要信息的过程，通过丢弃大量没有价值的信息，得到组成版面的主要信息，接着再在这些信息中寻找、划分出最主要的内容，再经过设计者的有效编排，将其呈现在人们眼前。

1. 同类合并原则

这里的同类合并指的是将版面相关联的信息组织起来，根据其在版面上所起到的作用进行等级划分，再将这些分好组的信息进行合理有序的整合，通过对编排形式、字体样式、排放位置等关系的处理，使它们成为一个联系紧密的组合。

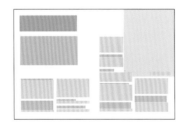

版面的文字功能丰富多样，既有统领全文的标题文字，也有切入正文的引导性文字等，根据文字的功能不同将其进行划分，并且在形式上进行区分，使版面层次分明。

同时要注意，在对版面信息进行分级时要控制好版面信息级别的数量，不宜分太多的层级，太多了容易造成版面的混乱。应该以保持轻松的阅读氛围为设计的首要前提，避免因版面的层次不明确造成视觉上的不明确感，进而破坏阅读的节奏，影响设计的传达效果。

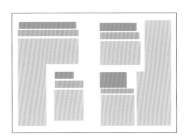

这个版面的文字信息量非常丰富，也划分了许多层次，这样很容易造成版面的混乱。但是版面的设计者在整体架构上下了很大工夫，使整个框架流程清晰，减弱了多层级信息带来的混乱。

2. 确定中心内容

一个设计的中心主题是由设计者的设计意图与传达的接受对象决定的，在任何情况下，版面的信息元素都不会具有同等价值，都会有一定的差别，所以我们就有必要通过对中心内容的分析，选用与普通信息不一样的形式进行编排，进而突出中心主题。这里所说的不一样的形式是指通过在元素位置、大小等方面进行变化而形成的。

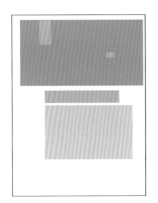

经过特殊处理的标题给人带来醒目效果，以它作为版面中心，围绕其建立版面的框架，使版面结构清晰流畅。

我们提到的中心内容主要指整个设计的中心，即设计表达的主题。明确的主题使设计变得层次清晰，结构明确，提升版面的合理性；同时中心内容也包括在同类合并的前提下，抓住每个层级信息的中心内容，有意识地进行强调，即使在分好层次并进行同类合并后，还需要对同一级信息内容进行再分析，确定其中的主次关系。

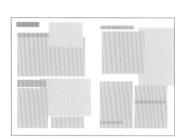

对于这个包含多种信息的版面，我们要学会把握住每一个层级信息的中心内容，并将其展示出来，使阅读者有一个清晰明确的印象。这种强调每一层级的主次的方法可以建构更合理的框架结构。

版面必须要有一个极具吸引力的中心内容，为了制造这个有吸引力的中心，我们可以根据需要改变文字的编排样式、字体样式、版面色彩等，主要目的就是增强对比，提升版面的吸引力。当然，有内容成为主体，也就有内容作为陪衬，通过降低陪衬信息的注目度也可以提升中心内容的吸引力。

版面以昏暗的写真素材为背景，并在画面右方位置选用高纯度的蓝色做文字和圆环色彩，与暗色调背景形成鲜明的反差；而位于圆环中心的红色圆点将视线集中到中心内容上，整个版面构思独特，以小面积的着重色彩很好地吸引人们的目光。

3. 邻近原则

　　如果说同类信息合并是将版面的信息进行分类与分级的处理，那么邻近原则则是强调版面元素在物理位置上的编排与放置，将相同的等级的信息邻近编排，而不同等级的信息则拉开一定的距离，让信息间的关系变得更加明显。

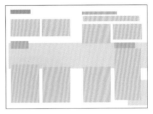

这个版面将同类信息临近编排，加强文本之间的联系。为了区分不同类的信息，设计者在保持文本距离的同时，还使用了线框和增加背景色的手段将它们进行区分。

　　由于人们在观念上总是习惯将靠得很近的元素当做是关系密切的整体，所以在版面编排时将版面的信息按等级进行分类编排，体现出元素间的内在联系，可以让整个版面的脉络变得更加清晰自然，知道该从什么地方开始阅读，再到什么地方结束，使人在阅读版面时一目了然。

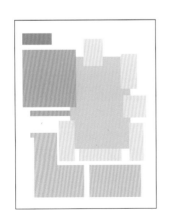

这个版面上的说明文字紧挨着被说明图片，使图文表现出极强的关联性。这样的排版方式可使版面内容层次分明、信息明确。

基本原则应用

如下图所示为一款以白色为主的网页设计，白色能够给人带来纯净、圣洁的感觉，同时对于版面的各种元素还具有很强的组织作用，很容易实现版面的协调。这个网页使用单一的结构模式，减去一些过于繁杂的装饰，使版面的主题变得更加突出。

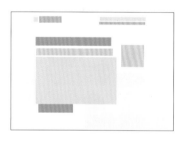

深色醒目

白色背景

简洁导航

Flash展示区

设计鉴赏分析

分析1
黑色增加醒目性

在白色的背景中添加少量的黑色喷墨效果，不仅起到点缀作用，还能将徽标清晰地衬托出来。

分析2
大量的留白

大面的留白让版面具有一种空灵之感，在给人带来一定联想的同时，还能有效地组织版面的元素。

分析3
简洁的导航设置

便利的链接是网页设计时首先需要考虑的问题，这个页面使用简洁的导航链接在各个页面之间进行切换。

分析4
Flash展示区

Flash动画是现代网页的一大亮点，它强大的功能可以给网页带来新鲜的活力，提升网页的整体质量。

　　版面是由各种形构成的，既包括图形、图片、文字等实形，也包括空白处所形成的虚形，所以空白和图片、文字一样重要，是版面构成不可或缺的部分。如果仅从制造版面氛围、传达设计情调来说，空白又有着图文所不具备的优势，即它特有的空灵感和带来的丰富的版面效果。

1. 版面空白的联想性

　　版面的空白如同国画中所说的留白一样，因为其"虚幻与空无"，没有任何元素编排在上面，就给人留下了一个想象的空间，在设计者设置的特定环境中，人们可以产生与设计意境相一致或者不一致的联想，使版面的意境更加优美、更加生动。

版面左页面的上半部全部留白，与右页面的人物图片形成对比，沿着人物手势方向，给人带来无限的联想空间，带人进入一个简洁的想象世界之中。

　　由于空白不像图片、文字那样有形有质，很难寻找到一种特定的规律来对其进行设置，所以对空白的处理需要花费大量的时间和精力。如果处理得好会让版面有一种含蓄的内在美，同时也能彰显出一种丰厚大气的气质，反之则会使版面变得空洞。

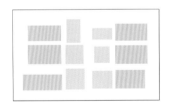

这个版面采用对称的形式组织版面元素，整齐的文字框架和去底的图片使背景空白的形式在规整中富含变化，给人一种自由、随意的感觉。

2. 版面空白的调节性

版面的空白穿插于版面各元素之间，使各个元素能够融入到一个大的环境之中去。通过对版面空白的分割，可使版面形成大与小、多与少的对比，同时，空白自身的虚无感与版面其他元素形成虚实、黑白的对比，使版面富有节奏，饱含韵律，让版面在整体结构上更加生动与完整。

版面由文字版面和人物写真图片划分为左右两个页面，大面积的白色版面将文字信息突出，并且与右页面中的黑白图片形成鲜明的对比；此时空白作为版面元素的连接纽带，使元素间的关系更融洽。

除此之外，空白的调节作用不仅表现在对版面元素的组织上，还表现在可以调节视线在版面上阅读时所带来的疲劳感。如果整个版面都处在深色的文字和图片之中，会使阅读变得非常累，进而影响版面的可读性与吸引力，所以适当地加入空白能够起到缓冲的作用，减轻视觉疲劳度。

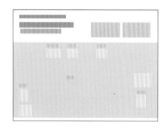

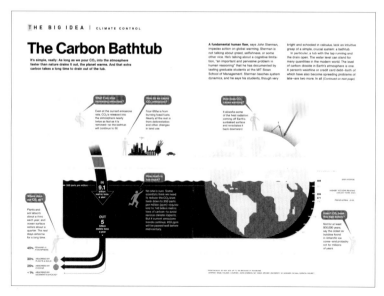

这个版面的文字形式多样并且比较分散，为了使文字有一个清晰的结构关系，设计者在这些元素之间增加大量的空白，以减少分散的信息给人视觉带来的疲劳感。

基本原则应用

直奔主题的运动鞋广告设计

如下图所示的运动鞋主题广告中，使用对比强烈的色彩和指代明确的人物形象，将设计的意图充分而直接地传达出来，让人通过对图片的阅读就能够了解这个版面讲的是关于什么产品的广告，表达直接、明了。

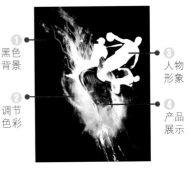

① 黑色背景

② 调节色彩

③ 人物形象

④ 产品展示

设计鉴赏分析

分析1

体现品质的黑色

黑色的背景与鞋子的主题色彩相呼应，给人一种高贵、值得信赖的感觉。

分析2

天蓝色的调节作用

天蓝色是版面中除了黑白以外的唯一色彩，打破了黑白版面带来的严肃感，传达运动鞋带来的活力。

分析3

直观的人物剪影

通过剪影的形式将几种运动的人物形象表现出来，使人能够在第一时间就能明白这系列鞋子所面对的主流消费群体。

分析4

直接的产品展示

将产品的图片融入到整个版面中，既和谐又能让人对产品的形象有一定的了解，加深记忆。

4.2 形式与内容相统一

形式和内容是事物的两个方面，形式由内容而生，又依附于内容，同时形式又是内容的外在表现，而内容又决定着形式，所以二者是相互依存的两个方面，是一个统一的整体。

设计讲究的就是"表里如一"，即内容与形式的高度统一，这就要求版式必须符合设计的主题思想内容，这是版式设计的基本前提。如果脱离内容，再完美的表现形式也是多余的，带来的只是一个空洞的平面图形，不能传达任何情感。同样，只求内容而忽略艺术的表现形式，则会让版面变得呆板，缺少活力与吸引力，进而降低设计的传达表现力。

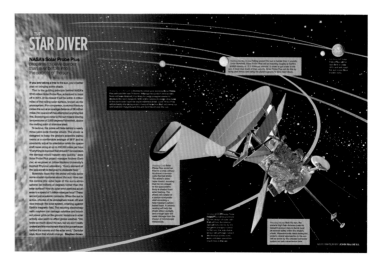

合适的形式提升版面表现力

4.2.1 利用版面形式更好地诠释内容

符合主题内容的完美形式是直接表达设计意图最直接的艺术语言，形式的选择也影响着设计作品的整体形象，一个与内容相统一的形式不仅可以提升版面的悦目度，还可以使信息的传达更具生动性。

追求美的形式是每个人的天性，人们通常会不自觉地被一些美的东西所吸引并被打动，作为视觉传达设计的一个部分，一个符合设计主题的完美形式会使整个设计更加具有吸引力，使信息的接受过程成为一个视觉享受的过程，提升阅读的愉悦性。

这个版面采用流线型组织版面的图片和文字，带来强烈的动感。文字左对齐和文字绕图的编排方式使整个版面富于变化，结合抽象图片的使用，给人非同凡响的画面质感。

在深入分析并把握设计的内涵后，选择一种能够深入反映这种设计内涵和设计心态的形式，在体现形式的审美脉络并吸引眼球的同时，还能够从形式上体现出设计的内涵，通过视觉的审美体验，让人最直接也最直观地感受到设计者的设计意图，使信息传达的方式变得多样化；同时也让版面的变得更加丰厚，不再是单一的文字传播。

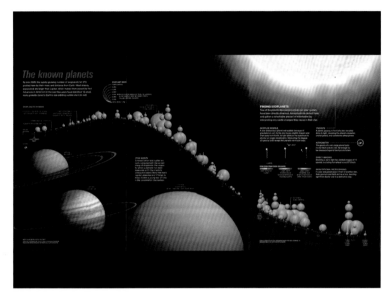

这个版面选用流畅的曲线展示出星体的位置关系，同时，星体由大至小的变化方式为画面带来视觉上的运动感，既表现星球运动的概念，又能增强版面的流畅感。

虽然 "美" 的概念是非常抽象的，但是大多人对于美的选择还是具有很大相似性的，所以，在追求美的形式的视觉效果的同时，还有必要了解一些制造美的形式的方法，比如说对称、对比、平衡、调和等方法；同时还要拓宽自己的眼界，学会吸收利用优秀的设计作品；另外还要勇于打破常规，不断地寻求形式与内容的结合点，创造出更完美的作品。

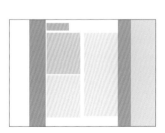

设计者使用对称的原则组织版面，将正文内容以两栏的分栏形式进行左对齐排列，较大字号的竖向文字分别置于正文左右两侧，并且以图片填充和白的镂空的形式形成对比。版面所产生的平稳和对比共济的效果给人以丰富的视觉感受。

形式是由内容来决定的，它的选择必须要符合内容需要表达的情绪。可以说内容就是形式存在的灵魂，只有紧扣着内容的形式才能让其变得生动具体。

设计是为大众服务的，具有很强的目的性，所以也就决定了版面上的任何元素都不会是多余的，而是设计传达所必需的。版面内容是设计的主要表现对象，我们对版面的元素做的处理都是为使版面更加充分地表现这个内容。换言之，就是一切围绕这个内容进行的设置都是必要的。当然，对于形式的选择也不例外，它也必须围绕这个主题。

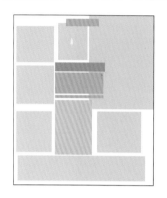

为了表现不同样式的花盆间的关系，版面中采用了图片环绕文字集中说明的方式，这种切合主题的形式使版面更具表现力。

版面的形式与版面内容具有同等的重要性，它的存在都是有一定作用的，即使不直接参与信息传达，也会是版面整体氛围构成的重要组成部分。一个紧扣内容的形式使得形式的传达性变得更加简洁和直接。

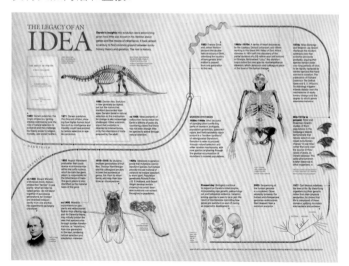

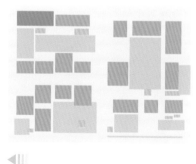

版面表现的是一种人们对事物认识的轨迹，将图片以去底的方式摆放在版面合适位置，文字则以段落的形式分布在版面之中，整个版面内容丰富、结构灵活，给人以生动的印象。

基本原则应用

突出产品性能的广告设计

在这个啤酒广告中，设计者借用啤酒的吸引力来代替深水炸弹对潜水艇的破坏性，仅仅一罐啤酒就可以让对手屈服。这种夸张的表现方式使该产品的吸引力表现得十分生动，给人留下非常深刻的印象。

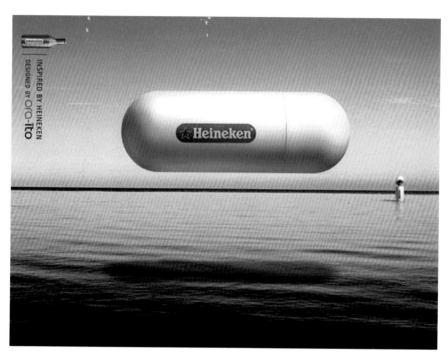

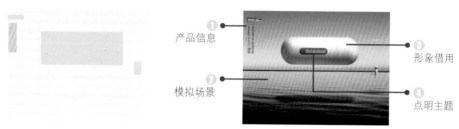

产品信息

模拟场景

形象借用

点明主题

设计鉴赏分析

分析1

产品基本信息

将产品的一些基本信息放置在版面的一个角落，这样既不影响整个版面的框架，也不妨碍信息的表达。

分析2

模拟的场景

通过模拟海洋、蓝天和潜水艇的环境，使设计意图的表现有一个适宜的空间。

分析3

形象的借用

借用炸弹的形象来达到吸引眼球的目的，同时也将用啤酒代替炸弹的印象传达给人们。

分析4

直接点题

广告设计的最终目的是让人记住产品，所以在版面的视觉中心位置编排产品名称会给人留下深刻印象。

整体布局的强调

整体式版式设计的前提是体现出版面的条理性，通过强化版式设计过程中的调和作用，使版面的元素能够以适当的比例来构成整个版面，进而更好地实现最佳传达效果。

版式设计一般都只有一个设计中心，版面所有的元素都是为了这一个设计主题服务的，这样就会形成一个中心明确的整体布局，让版面具有很强的整体感。即使是那些页数较多的版式设计，设计者也会在对页上想办法增加一些联系与呼应，让所有用到的元素有一种联系，进而增强版面的整体关联性。一个优秀的版式设计会在不露痕迹的情况下将所有的编排要素融合到一个整体中去，以整体的形式和张力传递出视觉信息。

版面的整体性

4.3.1 版面结构的整体设计

设计是一个过程，但最终展现在人们面前的是一个最终效果，很少会有人去关心这个效果是如何达到的，他们只在乎这个设计能够带来什么样的感受。这种感受是从版面的整体上得到，所以在设计时要学会从整体上去构建一个和谐并且合理的版面框架。

1. 以明确的主次关系传递设计主题

通过前面介绍的同类信息合并的方法，能够在版面上建立起信息等级，由此可以轻松地分辨出版面信息的主次关系，以便于从总体上去把握和控制每一个等级的信息编排，从整体结构上去告诉读者什么信息最重要、哪里是设计的中心等。

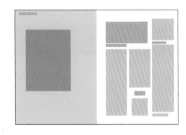

置于图片上方特大字号的白色文字标示出该版面的标题，利用橙色的三角箭头引出右页的文字内容，而右页中稍大字号的二级标题与小字号的正文内容表现出合理的层次关系，整个版面主次明确，便于阅读。

2. 把握版面的黑、白、灰关系

版面中的"黑、白、灰"是艺术造型中明度的三大对比关系，并非单纯指黑、白、灰的色相，它主要是利用色彩明度的反差组合成的节奏形式。在一个版面中，我们通常利用黑来表示标题、图片、装饰线等；用白来表示版面设计区域的留白等；而灰则用来表示文字组成的内容区域、底纹等。在版面设计中合理运用黑、白、灰的对比关系，可以增强视觉的感染力度。

左页版面中醒目的标题文字与右页面的图片可被看做黑，而页面左下方整齐排放的文字则可看做一个灰色的面，与图片、标题和版面空白形成一个黑、白、灰的对比关系，整个版面明暗对比强烈，结构清晰、简明。

黑、白、灰的对比关系是赋予版面节奏感的重要因素。版面构成元素上的黑白灰关系并非一成不变，可以根据版面的不同情况进行相互转变，通过对黑、白、灰比例的分析与调节，可以控制版面的整体节奏。如果一个版面中"黑"的部分过多，则画面可以表现出极强的跳跃性，版面所呈现的视觉冲击力就越加强烈；如果画面"灰"或"白"的部分较多，则画面就会相对缓和。因此，处理好黑、白、灰的对比关系，可以充分调动读者的视觉兴奋点，使版面更具影响力。

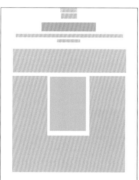

在白色背景中，版面使用较多的文字段落来表现"灰"的部分，较大范围的灰面将小部分的图片包围，有效地将目光锁定在图片之上，画面整洁、干净，给人舒爽之感。

3. 直观简洁的图形构成版面的整体感

简洁的图形并不是指图形的简单化，而是指这些图形摒弃了那些繁杂的、没有用途的部分，使用简明扼要的形式传递出需要表达的意图。设计者通过巧妙的组织，将版面丰富的意义和多样的形式统一到整体结构中去，使版面的每个元素都能够充分地发挥作用。简言之，就是在版面上使用尽可能少的结构，将复杂的信息组织到一个有秩序的整体中去。

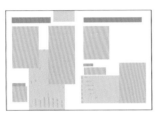

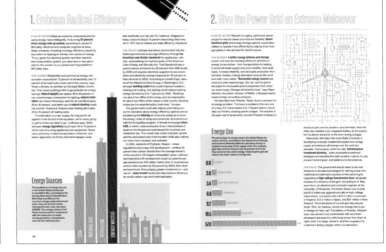

▲ 版面的图表和文字在编排时都选择了比较简洁的方式，就拿文字来说，这种方块形的组织形式与版面的整体框架非常契合，并与图表形成呼应，带来整体感。

将版面编排元素归纳成具有对称和规则轮廓线的抽象图形，可以使各个编排要素具有简洁的形象；而版式设计又是将各编排要素统一到一个版面，这样的版面也会呈现出形的特征。而当整体形的简洁程度高于构成部分的简洁程度，就会使整个版面在保持简洁的前提下还会显得更加统一，具有很强的整体感，所以保持整体形的单纯性是保证版面整体感的重要前提。

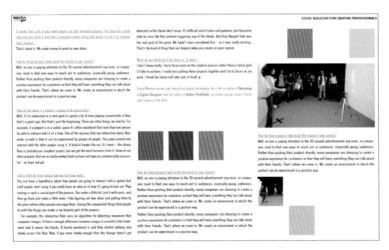

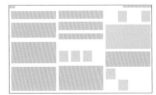

▲ 这个版面在文字和图片上尽量保持简洁的样式，文字采用居中对齐的方式，使版面呈现出规整、大气之感，而简洁的几何方形的使用无疑成为整个版面的点睛之笔，既保持了版面的简洁性，又使版面富于色彩变化，版式更加美观。

基本原则应用

汽车杂志内页设计

高速度和高品质是汽车爱好者的终极追求，为了更加生动地展现出汽车的速度与品质，版面的设计者通过图片的选择、背景的处理、文字的编排，非常充分地将其展现在二维平面中，以完美的样式展示出了该款汽车的特点。

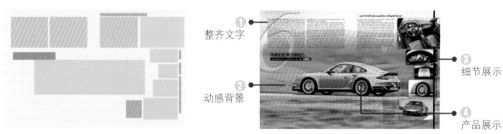

❶ 整齐文字

❷ 动感背景

❸ 细节展示

❹ 产品展示

设计鉴赏分析

分析1
两段对齐的文字
在正文文字的处理上，使用两段对齐的样式进行编排，形成一个整齐的块面，给人一种值得信赖的感觉。

分析2
提升动感的背景
在背景的选择上使用模糊的背景图片，以表现汽车运行时所造成的视觉印象，表现汽车的高速度。

分析3
局部的细节展示
通过大量的小图片，将汽车的局部细节表现出来，让人们对该汽车有一个更加系统的认识，以便于作出决策。

分析4
清晰的产品展示
选择高清晰的图片来展示汽车的完美造型和优美的曲线，给人留下最直观、具体的整体印象。

对于以对页形式出现的版面，我们要学会从展开页的整体入手进行设置，如果仅从单页局部入手或是将左右两页分开来编排，则会造成展开页在整体形式上的散乱、不统一，因为这两个页面会在同一视线下出现，进而也会对两个页面形成最直接的比较。

1. 展开页编排元素的协调

追求展开页的整体性，最常使用的方法是在左右对页的结构上下工夫，可以使用完全对称结构，也可以运用不对称但相似的结构进行编排。但无论是对称还是不对称的编排方式，左右两个页面的上边距与下边距都应该一致，以便于整体结构保持整齐、统一。

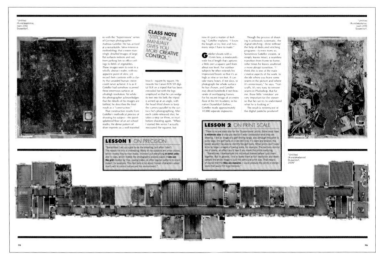

作为展开页的版式设计，保持二者间的联系性是非常重要的，要将左右两个页面上的元素协调地统一在一起。该版面通过两个页面在结构上保持对称的方式来加强元素的联系。

版面在结构上保持相似会让展开页之间相互协调，进而实现统一。但是这种单一的形式会使结构陷入僵化呆板之中，所以我们就有必要增加左右页面的对比，通过大小、多少、动静、黑白等对比关系，使版面形成一种对比统一的整体关系，提升版面的活力。

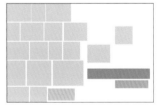

这个展开页面中使用了不断重复的方块来组织版面，使左右页面在结构上保持一致；同时通过留白增加两个页面间的对比，提升版面的活力。

2. 展开页的同一视觉元素识别

在对页编排时从左页中提取一个元素作为右页的图形，使左右两页在内容上形成呼应，通过这个元素的暗示，提升两个页面之间的关联性，在读者的头脑中形成一个整体的印象，这种方法是建立展开之间联系的最简单也是最直接的方法。

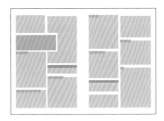

 在这个展开页中，为了增强两个页面间的联系，设计者选用了一个共同的元素，即对每个段落的小标题增加背景色彩，使两个页面有了关联性。

同时我们也可以在展开页中选择某一个元素，作为贯穿对页的处理，这样通过一张图片、一段标题文字或者是一组色彩的分割处理，打破展开页之间的分隔，使左右两个页面之间相互融合，形成一个统一体。

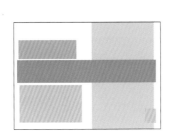

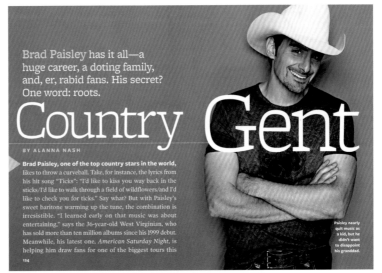

 通过标题文字的贯穿编排，将左右两个页面联系起来，使这两个页面在同一视线下保持一致性，进而提升展开页的整体感。

基本原则应用

在这个杂志对页设计中，设计者为了营造一个宽松的氛围，在形象的选择上和色彩的运用上都努力向这个主题靠拢，使整个版面给人带来一种轻松畅快的感觉，在制造氛围的同时还保证了版面结构的清晰性与阅读的流畅性。

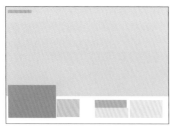

① 主体形象
② 醒目标题
③ 清新色彩
④ 简洁文字

设计鉴赏分析

分析1
阳光的主体形象

版面在主体形象上选用了一个青春靓丽的阳光女孩，通过自由的肢体语言向我们传达一种舒适的感受。

分析2
突出醒目的标题

放大字体、改变文字颜色，进而达到突出显示标题的目的，这种简单直接的方式让标题的醒目效果明显而自然。

分析3
清新的色彩选择

设计者使用少量高纯度的橙黄色对版面进行分割组织，使版面变得更有序，同时橙黄色提升了版面的活力。

分析4
简洁有序的文字

版面的文字数量不多，但层次和内容却相当丰富，文字井然有序的排列使版面内容变得更加丰富。

直观的建筑平面海报设计

这是一个楼盘宣传海报，在版面上使用了楼盘平面示意图和一些简洁的文字说明，给人一个直观、简洁的整体印象，同时这种简洁的构图形式也向人们展示了该楼盘的高品质。

❶ 平面图展示

通过建筑的平面效果图展示，让人在很短的时间里就能够详细地了解整个建筑的整体情况以及周边的绿化情况。

❷ 橙黄和绿色搭配

通过这两个色块的搭配，使版面的色彩变得丰富起来，同时又不影响版面整体的简洁性，色块的运用使位于该处的信息变得更加醒目。

❸ 集中说明文字

通过编号的方式，将说明文字集中编排，这样既可以保证版面的整洁性，同时也让读者在观看时可以自由地选择需要说明的部分。

❹ 突出显示数据信息

人们在了解这类信息时，最关注的就是空间的大小和价格的多少，所以将这类具有明显竞争力的数据放大显示，会使宣传效果更加明显。

第5章 版式设计的视觉流程

视觉流程的分类

具体的流程分析

5.1 视觉流程的分类

版式设计中的视觉流程是一种视线的"空间运动"，这种视觉的版面空间流动所形成的路径线被称为"视觉虚线"，这条线连接着版面各个元素，引导人们的阅读。

版面视线流程的形成是由人类的视觉特性所决定的，因为人眼晶体结构的生理构造只能产生一个焦点，这也决定了人们不能把视线同时集中在两个或两个以上的位置。所以在对版面元素进行安排时，我们必须确定它们在版面中的主次关系与先后顺序，做到有的放矢。

合理的视觉流程设计需要设计师准确把握各部分的有机关系，只有这样才能制造和渲染出与设计内容相结合的整体阅读环境，使版面脉络清晰，主体旋律明确，更好地引导读者的视线。

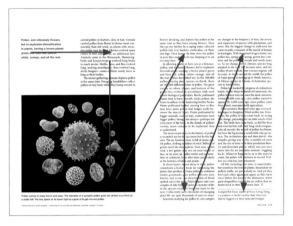

版面流程展示

5.1.1 方向关系的流程

所谓方向关系的视觉流程指的就是视线在版面空间的流动方向是大致确定的，这种流程方式具有清晰和简洁的特点。

方向关系流程既有从上到下或从下到上的垂直运动，也有从左到右或从右到左的水平运动，更有从一个对角到另一个对角的斜线运动等不同的方向流程，它们的共同点就是明确的方向性。

该版面向人们展示了一种最基本的流程关系，视线从左侧的文字开始向右侧较小的文字信息运动，从左至右的视觉流程符合大众的阅读习惯。

方向关系的流程强调的是逻辑性，能够充分地直接体现出版面元素的层次关系。这种编排方式更加注重版面清晰的脉络，使版面有一条主线贯穿，让各种信息和谐地统一到一个版面之中，是一种以理性为主的版面编排方式。

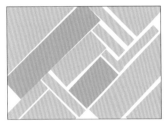

整个版面以文字为设计要点，将文字进行不同方向的倾斜摆放，使文字形成交错的视觉流程。版面结构丰富，给人以深刻的印象；而较大字号的黑色文字与白色文字形成鲜明对比，突出了版面主题。

5.1.2 散构关系的流程

散构关系的流程是与方向流程相反的一种流程模式，它没有十分明确的方向性，更多地表现出一种散乱与含混的感觉，但无论是清晰还是复杂的流程结构都有它特有的视觉导读过程，都是一种设计风格的体现；散构关系的流程强调的是一种感性的构成方式，给人以自由的体验。

这个版面的信息量非常大，在编排时很难按照一种特定的视觉方向进行组织，所以版面在结构上是一种散构的关系，让版面具有一种自由的样式感。

视觉流程应用

简洁明朗的海报设计

　　这份海报以简洁作为整体的设计基调，通过形象的图像表达出设计的主题，给人们带来一种直观的视觉感受。大面积的留白给人留下了宽广的想象空间，提升了设计的整体韵味。

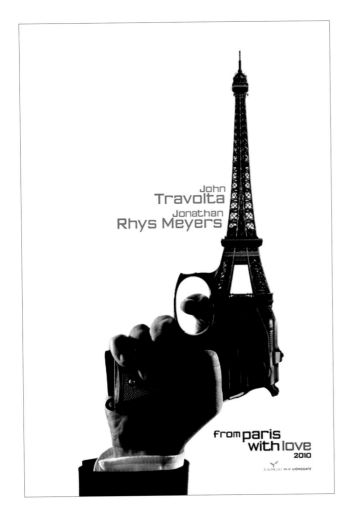

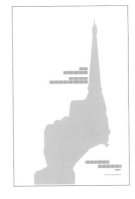

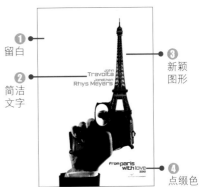

❶ 留白

❷ 简洁文字

❸ 新颖图形

❹ 点缀色

设计鉴赏分析

分析1
大面积留白
版面上大部分是留白的空间，带给人一种空灵的感觉，同时让版面的主题形象更加突出。

分析2
简练的文字组合
整个版面的文字数量很少，没有过于复杂的语言，但却使设计意图充分得到表达，并与版面整体风格协调。

分析3
形象生动的图形
将铁塔与手枪的形象完美地结合起来，使人直接在二者间建立起联系，带来一个总体的印象。

分析4
红色点缀版面
版面唯一的一点另类色彩，为黑白的版面增添了一些活力，使版面的效果更加丰富。

5.2 具体的流程分析

在具体的设计构成中，每个版面都有各自不同的视觉导读流程，它是版面组织结构的重要组成部分，一个符合版面设计主题的流程安排会使设计的传达效果变得更好。

前面我们从整体的视觉浏览方式入手，将版面的视觉流程划分为方向关系流程和散构关系流程，接下来我们就从这两个方面入手，深入地分析各种具体的视觉流程的特点。

其中最主要的包括最常用的单向视觉流程、具有强烈视觉冲击力的重心视觉流程、带有柔美弧线的曲线视觉流程以及随处可见的导向视觉流程等几种视觉导读方式，它们都带有各自的视觉引导特点，常被综合或独立地运用于各种版面之中，为版面设计的传达意图服务。

简洁的方向流程

5.2.1 单向视觉流程

单向视觉流程按照不同的方向关系可以划分为横向视觉流程、竖向视觉流程和斜线视觉流程三大类，是一种简洁的流程组织结构形式。

1. 横向视觉流程

横向的视觉流程又叫水平视觉流程，是通过版面元素的有序排列，引导视线在水平线上左右地来回移动，是最符合人们阅读习惯的流程安排。

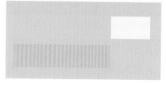

简洁的版面带来一种洁净的感觉，版面的元素沿着水平方向进行编排，引导人们的视线做水平运动，给人一种平和的感觉。

横向的视觉流程安排让版面的构图趋向于平稳，能够给人带来一种安宁与平和的感受，给版面定下一个温和的感情基调，常用于比较正式的版式设计之中。

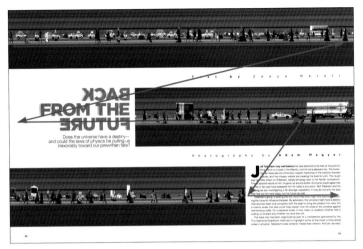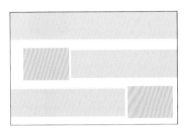

三组横向的图片编排为版面的流程定下了基调，引导视线在水平线上做来回移动，为了避免这种编排使版面过于单调，设计者要多对标题文字进行变化。

2. 竖向视觉流程

竖向视觉流程又叫垂直视觉流程，指版面元素依据直式中轴线为基线进行编排，引导视线在轴线上做上下的来回移动，常用于简洁的画面构成之中。但是这种视线的上下移动要把握好上下之间的距离，避免视觉疲劳的出现。

这个版面采用居中对齐的文字编排方式，这种在整体流程上做竖向引导的文字编排的方式使版面在有限的元素构成中达到平衡。

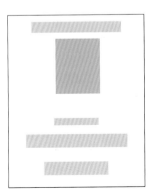

这种竖式的流程设计使版面具有很强的稳定性，有稳固画面的作用；简洁有力的视觉流向带给人一种直观坚定的感觉。

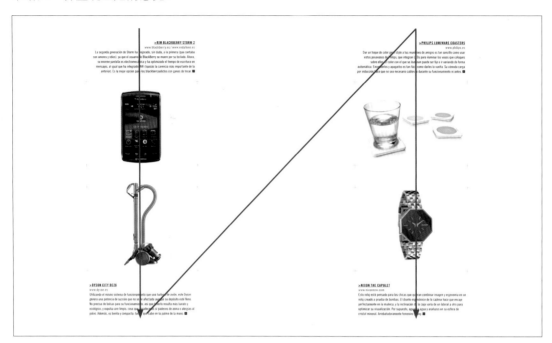

 简洁是这个页面带给人最直接的印象，文字和图片都比较少，为了让版面丰富起来，设计者采用了对称的竖向流程来组织版面，给人营造一个稳固、简洁的画面。

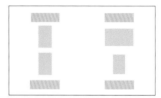

3. 斜线视觉流程

斜线视觉流程是一种具有强烈动态感的构图形式，主要指图片或文字的排列引导视线从左上角移动到右下角或是从右上角到左下角。这种倾斜的视觉效果带来不稳定的心理感受，具有强烈的运动感，能够有效地吸引人们的注意力。

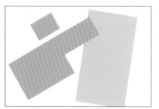

版面的主题形象位于右边，上身的倾斜使版面的重心靠右；为了平衡版面的动势，设计者将文字做斜线编排，制造一种向左的动态效果，使版面达到平衡。

视觉流程应用

多元的舞会招贴设计

整个版面融入到红色基调中去，既传达出喜庆的氛围，又带给人以激情，使人疯狂。在文字的编排上，使用斜线流程进行组织，让整个版面充满动感，带人进入到一种忘我的状态。

① 剪影形象

② 文字编排

③ 主色调

④ 同类色

设计鉴赏分析

分析1

优美的人物剪影

使用的是人物的剪影形象，而不是人物图片，避免给版面增添其他多余的色彩，保持版面的整体风格。

分析2

斜线的文字编排

版面上的文字使用对角线编排的样式进行组织，给版面增添活力，带来生气。

分析3

红色的主色调

使用深红色作为版面的主色调，它没有纯红色的艳丽，却给人带来一种更加深沉的视觉感受。

分析4

同类色调和

使用与深红色的主色相近的颜色来调和整个版面的色彩，让色彩的对比既不突出也不单调。

重心的视觉流程指的是视觉心理上的重心，它是版面中最具吸引力的地方，能够起到稳定画面的效果，这种以视觉重心为基础的流程设计使版面产生强烈的视觉焦点，使设计的主题更为鲜明而强烈。

◄▐▐

人物的动态使版面的重心位于版面的右边，为画面增添了动感，让人有一种摇摇欲坠的感觉，带来一种急促的心理感受。

根据不同版式的不同需求，视觉重心在版面上的位置也是不一样的，因为重心的位置变化也会引起人们心理感觉的变化。

视觉重心偏上，会给人一种升腾、飘逸、积极和危险的感觉；视觉重心偏下，则会带来下坠、压抑、限制和稳定的感受；视觉重心在左边，会带来轻便、自由、舒适和运动的视觉印象；而视觉重心在右边，则会使人感到急促、局限和庄重。

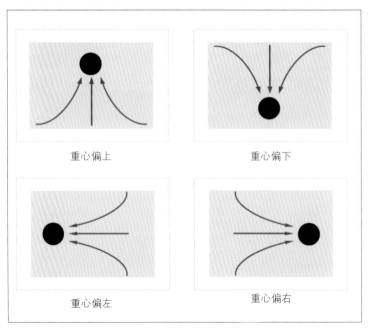

不同视觉重心效果展示

1. 向心型

　　向心型视觉重心流程指的是版面元素的编排向版面的视觉中心聚拢的设计，这种编排方式带来一种柔和的视觉感受，将视线吸引到视觉中心位置。

版面中心四周的放射状图形将人们的视线引向了版面的中心位置；同时圆弧形的文字排列使这种向心的运动变得更加充分，使版面的视觉冲击力变强。

2. 离心型

　　离心型的视觉流程设计与向心型视觉流程截然相反，主要是指版面元素由视觉中心向外扩展，犹如被石子惊起的水波一般，一圈一圈地向外扩散，是一种使版面充满张力、充满现代气息的编排方式。

通过线条的引导，将文字向外进行排列，这种离心的编排方式让整个版面有一种向外的张力，同时还带来视觉上的新奇感觉。

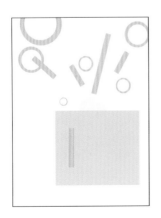

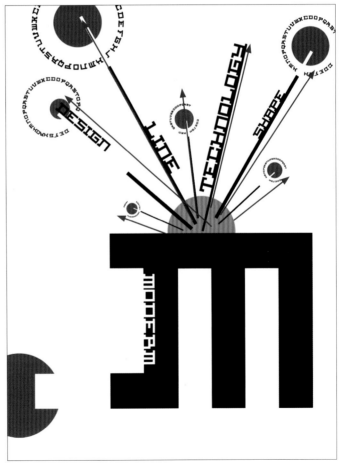

视觉流程应用

展现无限创意的啤酒广告

下面的海报设计中，在灰白色的背景中安排了低明度的图形，使版面色彩层次分明，同时，领带有着向下的视觉流程的指引，使得人们能够很快捕捉到广告中的产品图片，从而达到广告宣传的目的。

1 出血图片

2 对比色彩

3 视觉重心

4 文字呼应

设计鉴赏分析

分析1

出血图片做背景

整个版面采用了一张出血图片为背景。图片展示了男士衬衫和领带，而领带又模拟了时针的造型。

分析2

高明度的对比色

版式中铺满了高明度灰白色衬衫，与领带、产品图片以及文字的色彩形成了鲜明的对比。

分析3

视觉重心吸引眼球

将版面的重心安排在版面中间，同时通过色彩明度对比，能够立刻成功地让人的视线注意到版式重心。

分析4

文字与图片的呼应

向下的领带形成了视觉指引，让人能够注意到右下角的文字，其与领带模拟的时针指向一致，这就是广告的创意亮点。

　　所谓的导向视觉流程是指在版面上采用一定的手法，通过诱导元素，主动引导读者视线向一定的方向移动，把版面的各构成元素串联起来，形成一个统一的整体，使版面重点突出，条理清晰。

1. 指示性视觉流程

　　所谓指示性的视觉流程设计是指通过为版面添加某一类具有指示导向作用的元素，如诱导性的文字、方向性的箭头或手势和人物的视线等，使版面具有清晰的脉络关系，让版面具有很强的条理性与逻辑性。

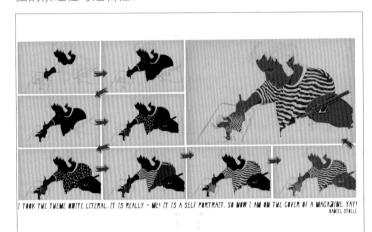

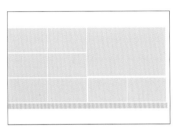

◀┃┃┃

这个版面是最直接的指示性视觉流程，直接使用箭头，引导人们的视线沿着设计者的编排方向进行浏览，直接地传达编排意图。

　　在这些诱导性的导向因素中，诱导性的文字和方向性的线条导向功能最直观、最直接明了地引导读者对某特定的内容进行阅读。而人物的视线、手势以及版面色彩的导向性能就会含蓄很多，使版面的导向效果内敛而不张扬。

┃┃┃▶

整个版面仅以单一的人物头像和文字做设计，版面人物视线向上，让人们沿着其视线的方向很自然地将目光放在上方的文字内容上，表意明确，使人一目了然。

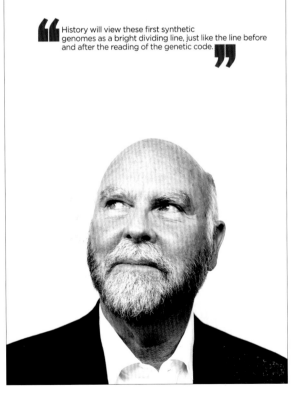

2. 十字形视觉流程

十字形的视觉流程是指通过在版面上制造交叉性的构图形式，既可以是垂直线和水平线的交叉，也可以是斜线的交叉，这种形式的构图让视线主要集中于十字的交叉点，使其成为版面最突出的地方，最大地发挥其传达功能。

▥▶

版面通过道路的交错而形成一个"十"字形的框架结构，将主题文字放置在其中，使主题文字的位置成为最引人注目的地方。

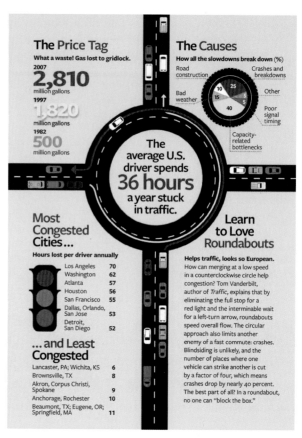

3. 发散式视觉流程

发散式的视觉流程设计是指在版面中确定一个视觉的中心，以这个位置作为重点，以文字或点、线等元素来引导视线，将版面的多种元素都集中到这一个主要的点上，让版面虚实相生，富于变化。

◀▥

以版面的图形为中心，将文字做放射状排列，让整个版面给人带来一种新奇的感觉，同时使版面带有强烈的动感。

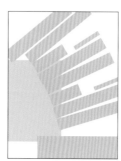

视觉流程应用

充满吸引力的海报排版设计

版面的创意很大胆，用版面上的眼球来吸引观者的眼球，使版面的吸引力更强，更能引起人们的好奇心。同时，将海报中的文字与图片信息以垂直的方式进行排列，简洁的视觉流程更能使人们目光锁定在海报的各元素之上，从而达到传播信息的目的。

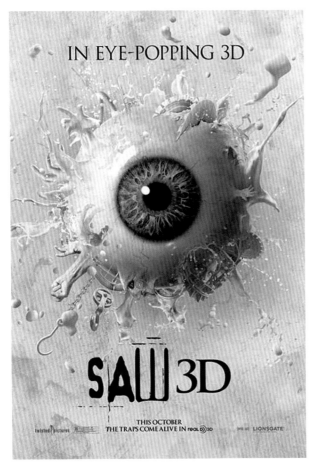

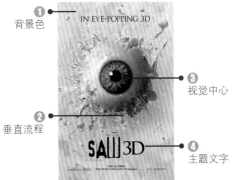

❶ 背景色

❸ 视觉中心

❷ 垂直流程

❹ 主题文字

设计鉴赏分析

分析1

褐色的背景

整个版面以褐色作为主要色彩，充斥着版面的各个位置，将所有元素都统一到其中去，增强版面的整体感。

分析2

垂直的视线流程

采用居中对齐的垂直流程安排，使版面的左右达到对称，起到平衡版面的作用。

分析3

吸引力强的视觉中心

将版面的视觉中心安排在版面的中线上，让人感受到一种向外迸出的感觉，同时一只突出的眼球让人感到不自然。

分析4

醒目的主题文字

暗红色的主题文字让人从心理上感觉到一些不自然，但是却达到了吸引眼球的目的。

所谓曲线视觉流程，是指在进行版面编排时将各视觉要素沿弧线或回旋线排放，让视线随着这些弧线的运动变化而流动，使版面具有强烈的动感。

▌▌▶

版面的文字编排带有一种错落的美感，这种形式使版面富含节奏感，同时文字由人物背后过渡到前面，让版面带有强烈的空间感。

曲线的视觉流程虽然没有单向流程那样简明，但却更具流畅的曲线美，使版面具有强烈的节奏感和韵律感，让版面在组织结构上显得饱满而富有变化，形式微妙而复杂。

具体形式可以概括为弧线形C和回旋形S两类。

◀▐▐

版面中的文字在编排时打破了呆板的对齐样式，首尾参差不齐，形成一种流线型的样式，增添版面活力。

1. 弧线形C流程

弧线形C流程指的是视觉要素随弧线而运动变化的视觉运动，柔美而流畅。当流程线明确成弧线构成时，可以长久地吸引读者的注意，这种结构饱满而富有张力，同时还有一定的方向感。

◀‖‖

不断重复的圆形图形让版面具有很强的节奏感，而文字也沿着这种弧形进行编排，使文字很好地融入到整个版面中去，使版面整体感更强。

2. 回旋形S流程

回旋形S流程是指将版面元素沿着两条相反的弧线进行编排，这种对立统一的构成形式使版面产生矛盾的回旋，带有一种隐藏的内在力，容易让版面取得平衡，同时在平面中增加深度和动感。

‖▶

版面借用图片中的S形河流，引导人们的视线从版面的左上角移动到版面的右下角，这种借用版面元素引导视线的方式带有很强的趣味性，提升读者阅读兴趣。

视觉流程应用

这个杂志内页的编排大胆地使用刺激性很强的色彩装饰版面，这种装饰效果强烈到足以影响版面文字的阅读，但是正是这种违反常规的组织方式给人带来了激情与活力，刺激读者去阅读。

① 装饰文字
② 艳丽色彩
③ 块面文字
④ 黑色背景

设计鉴赏分析

分析1
装饰意味的文字

在红色背景上使用装饰意味很强的白色文字，非常醒目，起到吸引目光、点缀版面的作用。

分析2
艳丽的暖色调

大红、深红和粉红这三种邻近色相互搭配，让整个版面融入到一种醒目的暖色色调之中，刺激而温暖。

分析3
块面的文字编排

将文字统一编排到版面的下方，这样既不影响版面的整体风格，又不干扰文字的信息传达功能。

分析4
沉着的黑色背景

如果版面完全处于红色、白色之中，会使版面失去庄重感，而黑色的加入正好给版面带来了庄重效果。

　　散点视觉流程是指将版面的元素用散点的组合排列在版面上，使版面具有一种轻快的感觉，这种流程形式强调的是随机性与偶合性，重视版面的空间与动感。

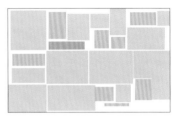

▲ 版面的元素组合虽然没有一个明确的方向，是一种散点的结构，但是并不代表版面元素安排是随意的。为了便于阅读，设计者将说明文字和图片放置在一起，增强二者间的联系。

　　对于散点流程的编排要注意版面元素的主次、大小和疏密等关系的对比以及图片的形式和文字样式的选择，以求得均衡的画面效果。

　　散点视觉流程具体的样式可以分为发散型和打散型。

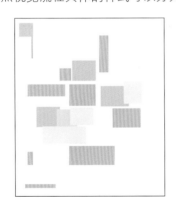

这个版面整体给人一种杂乱、无序的感觉，文字信息的阅读存在着一定的困难，但是这种编排方式使版面在空间上具有一种强烈的层次感。

1. 发散型

发散型视觉流程是指将版面元素按照一定的方向规律，以某一点为中心进行向中心集中或是向四周扩散，这个中心将成为版面的视觉焦点，具有强烈的视觉效果。

图形单一地重复，没有太多的变化，但是正是这种重复使版面有了一种向心力。这种发散状的编排样式将视线完全集中到了人物形象上，进而随着手指的方向去阅读文字。

2. 打散型

所谓打散就是指将一个完整的事物分割成几个部分，然后再根据具体的要求进行重新组合，这种版面构成方式可以从不同的角度展示事物，把事物的内部结构表达得更加充分。

将图片打散，再进行有序的错落编排，使版面在形式上变得更加有趣，提升版面的吸引力。同时这种错落的编排使版面有了一种空间关系，带来一种空间体验。

视觉流程应用

内容丰富的杂志内页排版

这是一个介绍服装与装饰品的杂志版面，版面上包含了许多元素，从服装到首饰，丰富多样。过多的元素给版面的编排带来了一定的困难，为了直观地传达信息，设计者将图文分开排列，再通过数字将二者联系起来，使整个版面更加有序。

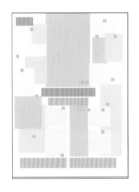

模特展示 ①

数字编号 ③

去底图片 ②

文字介绍 ④

设计鉴赏分析

分析1

模特做整体展示

将模特图片放置在版面的上方，对服装和饰品做展示，给人留下一个整体印象。

分析2

去底的图片展示

将产品进行去底的图片展示，使产品给人留下最直观的印象，这种力求完美的图片会给人留下好的先期印象。

分析3

数字的关联作用

版面通过数字将大量的图片和说明文字进行对应，在不影响图文关系的前提下可以保证版面的规整。

分析4

直接的文字介绍

将文字统一编排符合版面的整体要求，维持了版面的完整性和整体感。

人的视线不能够同时集中到两个点上，所以在看一件物体时就必然存在着一个先后顺序。在版式设计中也是一样，设计者常将重要的信息摆放在版面注目价值最高的位置，这个位置就是版面的最佳视域。

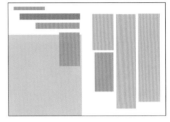

将主要文字放置在版面的中心，会让人们的视线首先集中到上面，接着再根据具体的需要进行深入的了解与阅读。这个页面就是通过这种方法将文本的引文放置在版面的中心，引导读者做更深入的了解。

根据视觉心理的特点和人们的一般阅读习惯，在接触到一个版面时，我们首先注意到的是中线偏上的位置，接着才是从左到右、从上到下的顺序，这种方式既符合传统，也是一种习惯，很自然地影响到我们的设计与阅读。

由此我们可以知道，在一个界定的范围内，注目价值最高的是版面的上部、左侧、左上和中上部。当然，在现代的版式设计中，也不一定要使用这些部位作为最佳编排的位置，可以根据实际情况具体调整，了解这些基本的原理只是为了更好地寻求创新。

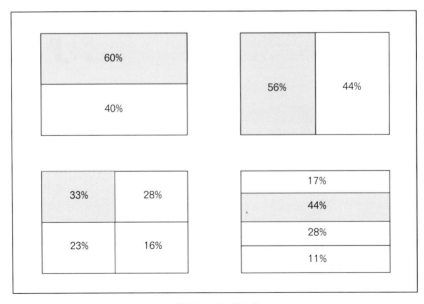

版面注目度的划分

视觉流程应用

彰显品质的酒瓶包装设计

这个酒瓶设计中选用了红色和黑色两种颜色，红色带来一种美好的感受，而黑色能让产品显得更加稳重和高级。将酒瓶置于画面视觉中心位置，修长的瓶身使视线形成由上至下的视觉流程，给人带来高贵的品质感。

❶ 垂直的酒瓶形象

❷ 诱人红色

❸ 呼应色彩

❹ 凹凸文字

设计鉴赏分析

分析1

垂直的酒瓶形象

将放大的酒瓶形象垂直放置于版面中心位置，给人以高贵感，而包装中黑色的添加增强了酒瓶的沉稳气息。

分析2

诱人的红色色调

酒瓶以充满诱惑力的红色作为基准色，透明的瓶身透出酒的色彩，直观地传达了产品的本质特点。

分析3

呼应色彩的文字

在文字部分使用了与酒的色彩相呼应的红色，同时字体的竖直排放让瓶贴与瓶身融合到一起，使整个设计整体感更强烈。

分析4

凹凸的文字设计

采用凹凸的文字设计，赋予文字一定的质感，同时还能提升整个包装设计的品位，使酒瓶的手感更强。

图文结合的杂志内页设计

　　这个版面是以图文结合的方式进行编排的，二者通过文字的有序编排进行链接。使整个版面具有很强的整体感，为了与图片呼应，将标题文字设计成图形感很强的形式，增强版面元素间的关系。

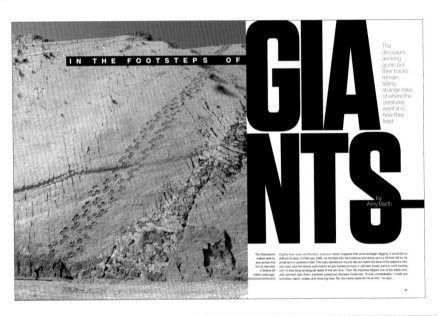

❶ 图形化的文字设计

将标题文字放大，同时缩小字母间的间距，使文字更加紧凑，形成一个有变化的块面，与图片进行呼应。

❷ 直接的图片运用

这种图片处理方式没有过多的修饰，而是直接地使用。它是事物最直接的展示，虽然有时在形式上存在一些瑕疵，但是却不会影响读者的关注度。

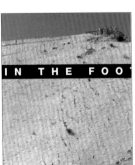

❸ 文字链接图片

这种有意思的文字编排打破了文字与图片不相关联的现象，使二者你中有我，我中有你，联系加强。

> Eighty-four-year-old Sheldo
> difficult to stop. In February 2
> small farm in southern Utah. T
> city road, and the retired opto
> out 15-foot-long rectangular
> and Johnson saw them: pris
> knuckles, claws, scales, and t

❹ 版面的文字编排

这种文字编排方式与版面的整体风格一致，与图片和标题文字相协调，增强版面在面积上的对比关系。

第6章 版式设计中的文字设计

文字编排的基础
文字编排设计的原则
个性化文字编排

文字编排的基础

文字作为版式设计中最主要、最基本的元素，其基本作用是传播信息，所以文字的编排一定要符合人们的基本阅读习惯。作为设计者，了解文字编排的一些基础知识非常必要。

文字编排的首要目的是方便阅读，而文字在版面中大多数都是以组合的方式出现，这样就必然存在字体样式和字号大小的选择。准确的字体选择和字号设置会使整个版面的文字具有更丰富的情感，更加贴近版面的主题；同时，文字字距和行距的设置对于提高版面文字阅读效率也非常重要。

文字作为一个组合进行排列，就必须按照一定的排列方式进行编排，无论是采取对齐排列还是绕图排列，都会有一定的规律可循，只有这样才能保证版面文字的规整性，才能确保文字的阅读效果。

文字版面展示

6.1.1 字体、字号、字距、行距

版面的文字信息通常具有不同的功能，有的作为标题统领全文，有的作为引文补充说明正文内容，还有的作为装饰文字点缀版面等。文字功能的不同，传达出的情感也不同，而这些文字信息的划分和情感的传达就需要选择合理的字体和合适的字号。

1. 字体

文字的字体指的是文字的风格样式，是文字的外在表现，不同的字体代表着不同的风格。在中文字体中，宋体是最常见的一种字体样式，给人以大方典雅的感觉；黑体则是一种笔画粗细一致的字体结构，给人带来简洁明了的感觉；而手写体与样式结构规整的宋体和黑体不同，它是一种更强调自由性的文字样式，带有强烈的自由色彩。字体的具体样式是多种多样的，我们要学会抓住每种字体的特性。

不同的字体代表
着不同的风格 ◀宋体

不同的字体代表
着不同的风格 ◀黑体

不同的字体代表
着不同的风格 ◀手写体

不同字体的对比

根据版面的具体风格和具体传达的内容选择合适的字体，使版面的文字内容达到协调统一，同时也使情感得到更为顺畅的表达。一般较为正式的版面我们会采用较常见的、比较规整的字体样式，而对于一些宣传性强的版面则会使用视觉冲击力较强、文字跳跃性高的文字组合，以求更好地引起人们注意。

▲ 这个页面是某时尚杂志的内页，其主题是向人们传达一种青春与活力的气氛。版面的主体选择契合杂志主题的人物形象——青春、时尚，充满活力而又与众不同。为了与版面上的图片风格相协调，设计者选择在版面中使用一种同样个性鲜明的字体样式，使版面更加统一。

2. 字号

字号是表示字体大小的术语，具体指从文字的最顶端到最底端的距离。计算机中的字体大小通常采用号数制和点数制，点数制是世界流行的计算机字体的标准制度，也就是磅值，每一点等于0.35毫米。通过对这些的了解，我们可以对字号有一个初步印象，便于我们实际应用。

文字字号、磅值、长度关系表

字号	磅值	长度（毫米）	字号	磅值	长度（毫米）	字号	磅值	长度（毫米）
初号	42	14.82	小二	18	6.35	五号	10.5	3.70
小号	36	12.70	三号	16	5.64	小五	9	3.18
一号	26	9.17	小三	15	5.29	六号	7.5	2.65
小一	24	8.47	四号	14	4.94	小六	6.5	2.29
二号	22	7.76	小四	12	4.32	七号	5.5	1.94

文字大小不一样，带给人的感觉也是不一样的，大粗字体可以造成强烈的视觉冲击感，而细小字体则给人纤细、雅致的感觉，由细小字体构成的版面，精密度高，整体感强，可以造成视觉上的连续吸引。在一般的书籍杂志中，标题大约为14磅以上，而正文则多数控制在8～10磅，若小于5磅就会影响文字的阅读。同时文字的大小变化也会给版面带来跳跃感，由此形成的跳跃率是影响版面阅读率的重要因素。

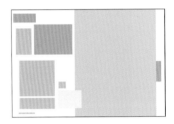

　　在该幅杂志内页的版式设计中，标题使用较大字号的黑色与蓝色衬线文字，给人以鲜明又突出的主题提示，而正文则选用较小的文字字号，这种大小文字字号的强对比增强了版面跳跃感，使版面充满动感和激情。

　　在阅读时，我们习惯性地将具有相同样式和结构的内容看做功能相同的要素，而在一些页面中存在着许多功能不同的文字内容，这时我们就可以利用这一阅读习惯，将功能相同的内容设置成统一的字号和字体，方便读者阅读。

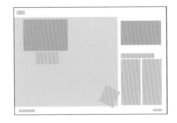

　　这个页面上的文字信息非常复杂，有标题、副标题、引文、旁白、正文、页码等，对内容的区分就是通过字体和字号的不同来实现的，使文字信息具有很强的层次感。

3. 字距

所谓字距指的是字与字之间的距离，是一种十分细微的关系，但是却是文字编排中十分重要的部分，不仅关系到阅读的方便性，还可以体现设计者的风格。

字距的设置主要由两个方面决定，一方面是字体的样式，因为不同的字体样式所占的实际面积大小是不同的，比如黑体就比宋体占更多的面积，所以字距也会相对较宽；另一方面就是版面的风格，拉大或缩小字距会让版面具有更强的现代感。

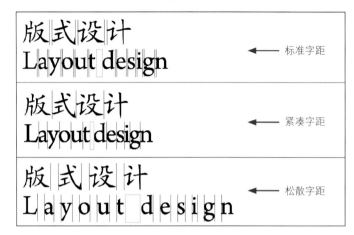

不同字距效果展示

▲ 缩小文字的字距可以使阅读更流畅，拉大则会让版面更明朗、清新，而这个页面中却是通过加大文字字距来体现版面的设计感，使字母以点的形式装饰版面，同时也不影响文字信息的传达，让版面具有强烈的现代感。

4. 行距

行距的设置主要靠设计者根据版面编排形式的心理感受来把握，如果行距太窄，上下行的文字会受到干扰，人们的目光难以沿字行扫视；而字行太宽则会在版面留下大量的空白，使版面缺少延续感和整体感。

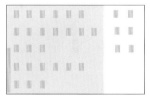

不同行距效果展示

行距的大小和字距有很紧密的联系，一般来说常规的行距比例应该是用字为8点，行距则为10点，即8∶10的比例。

▲ 由于页面中的文字较多，因此在排列上选用多栏的编排方式。为使文字清晰、易读，选用合适的行距使文字呈现出间隔有序的形式，目光在文字间流动没有任何阻碍，使阅读变得更加轻松和愉悦。

当然，行距的设置并不是固定的，所说的行距与文字大小比例只是一般情况下行距设置的依据，并不是绝对的，而是应该根据实际情况具体把握，只要在整体节奏上把握一致并使视觉上感到舒适即可。

▲ 版面选用白色装饰文字，利用不同大小的字号组合成结构富有变化的文字效果，并根据文字的特点设置文字的行距大小，将部分文字行距加大或缩小，既使文字本身具有丰富变化，又能使版面效果更加生动。

文字的编排应用

如下图所示的名片中，根据信息的主次关系将其有序地排列在版面上，首先给人整洁的印象。在字体的选择上，除了公司名称使用装饰字体外，其余文字都使用比较规范的文字样式，并采用块面化的编排方式，给人整齐而大方的感觉。

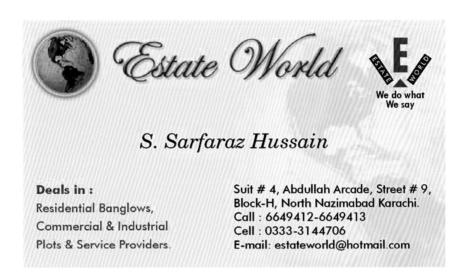

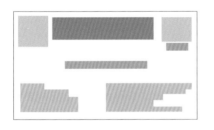

❶ 公司名称　❷ 色彩对比　❸ 徽标　❹ 左对齐

设计鉴赏分析

分析1
装饰意味的公司名称

公司名称选用了较大的字号，有利于突显公司名称，同时这种装饰意味强烈的字体样式还可以增添名片活力。

分析2
多样的色彩选择

改变文字的色彩，使其与徽标中的红色相呼应，与黑色形成对比，使版面变化更丰富。

分析3
徽标展示

徽标是一个公司的形象代表，而名片的空间有限，使用徽标代替大量的文字叙述，同时还以图形的方式点缀版面。

分析4
文字左对齐排列

名片中的信息文案采用左对齐的方式编排，让文字一边整齐而另一边却参差不齐，带有强烈的节奏感。

文字在大多的版面编排中占有非常重要的位置，不仅因为它是版面组成的重要元素，还因为文字组合本身的多样性。如果一个版面中文字的编排没有一定的规律，就会让整个版面缺乏整体感。

1. 左右均齐

文字左右对齐指的是版面上的文字在每一行从左端到右端的长度是均齐的，这种文字组合方式让字群更加齐整、美观，是书籍最常用的编排形式。

但是这种编排方式在文字的处理上比较呆板，使文字缺乏活力，同时在对英文进行左右编排时必须注意连字号的使用。

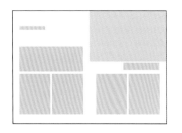

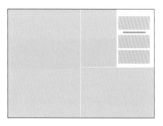

版面采用左右均齐的方式组织文字，使版面的文字结构具有方正整齐的气势，与方正的图片形成呼应；同时在行尾使用连字符，保证字母的连贯性。

左右均齐的文字编排方法并不仅仅适用于文字的横向编排，纵向的文字编排也同样适用，给人一种"上下均齐"的感觉，纵向的文字编排多用于表达古典的文本信息或者特殊版面需求。

这个版面以图片为主，而文字相对较少，不会像大量文字竖向编排那样带来视觉疲劳，这样的编排方式反而会给版面带来一种新的视线流动方向，增添版面的活力。

2. 齐左与齐右

这种对齐方式编排的文字追求的是文字一端对齐，采用这样的方式编排文字会让文字在结构上松紧有度、虚实结合，参差不齐的文字组合给版面带来一种节奏感。而在左边或右边进行对齐会使文字在行首或行尾产生一条自然的垂直线，让版面在变化中给人一种规整的感觉。

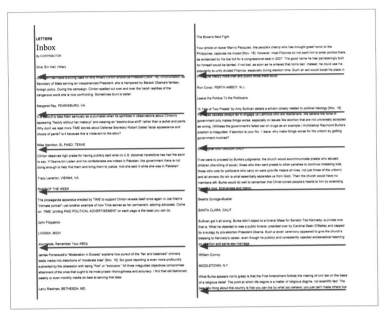
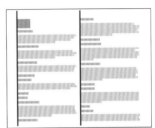

文字左对齐，在行首处自然形成一条垂直线，使文字组合有一种整齐的感觉，而右边则形成一种参差不齐的效果，带来起伏的变化，使版面有一种节奏感。

文字齐左的编排方式更加符合人们的阅读习惯，让人感到亲切自然，使阅读更加轻松。齐右的对齐方式则与人们的视觉习惯相反，让人觉得阅读起来不是很方便。但是这样的对齐方式会让版面显得新颖、有格调，具有强烈的现代感。

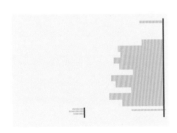

版面上的文字采用右对齐的方式进行排列，使文字在行尾处形成一条垂直线，这种编排方式给人带来一种视觉上的新奇感觉。尤其在版面文字不是很多的情况下，这种排列也不会影响文字的可读性。

3. 居中对齐

居中对齐指的是文字的编排以版面的中心线为准，左右两端的文字字距可相等也可不相等。这种方式组织的版面让视线更加集中，中心更加突出，具有庄重、优雅的感觉；文字更加集中，加强版面的整体感。

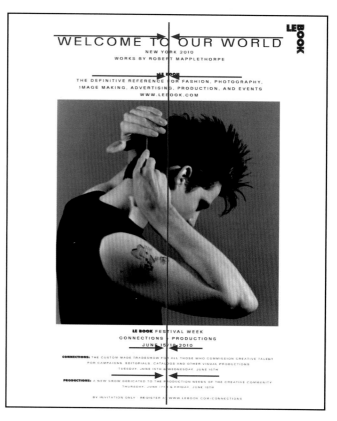

文字以版面的中心线作为文字的对齐线，使整个版面的文字始终保持平衡，给人带来一种视觉上的平衡。

为了对文字进行更加合理的组织，在运用居中对齐的方式编排版面时，也不一定只能使用版面的中心线为基准对齐线，可以根据具体的情况合理设置，使版面变得更加生动。

同时，在使用居中对齐时要注意，这种对齐方式不适合大量文字的编排，否则会影响文字的阅读。居中对齐大部分都用于文本的标题或提示文字的编排，或者在平面设计中用于表现特殊设计效果。

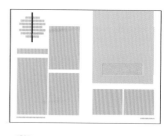

加粗的文字放置在文本的起始位置，成为整个版面最突出的一个点，引起人们的注意；同时这段文字采用居中对齐的方式，使文字左右对称，进而寻求版面的整体平衡。这种居中对齐的方式是以该段的中线为对齐线。

4. 首字突出

突出首字是指将文字开头的一个字或字母突出加大，在版面中起着强调和吸引视线的作用，可以打破版面的平庸感，让版面变得更加活跃。

下坠式的首字强调法是目前最常用的首字突出方式，将字母放大并嵌入行首，其下坠幅度一般控制在二至三行的宽度。

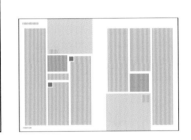

整个版面的文字信息较多，为使版面段落更加清晰、明确，选用首字突出的方式将段落首字放大，以此方式来引导阅读；同时还打破版面的单一感，让版面效果更丰富。

突出的首字不仅是版面文字信息的重要组成部分，起引导视线对文字进行浏览等作用，同时也是版面构成的一种有效形式。通过对首字在字形或色彩上进行变化，可以使其起到装饰版面的作用，使版面的效果更加丰富，起到活跃版面的作用。

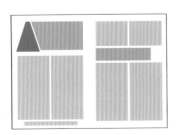

这个版面利用文本的首字进行设计，文字沿首字进行编排，达到装饰版面的目的，使规整的文字编排有了一定变化，进而引起版面整体效果的变化，提升版面的吸引力。

5. 文字绕图编排

　　文字的绕图编排是指将版面上的图片去底后插入文本中，让文字直接沿着图形的外轮廓线进行编排。这种编排方式让版面的形式更加自由，给人一种亲切、生动、轻巧和活泼的感觉。

　　这种文字沿图中建筑物绕排的样式，不仅没有破坏图片的完整展示，也使文字的轮廓线变得生动起来。图文相互交融，为版面增添了一种轻松与自然的气氛。

　　文字绕图的编排形式对文字字数和图片的要求比较高，文字每行的起点和终点把握起来比较麻烦，必须要在编排前有一个整体的安排；而图片则是要求具有优美的轮廓曲线，以求达到形式上的最佳美感。

　　这种编排方式多用于休闲、轻松的杂志和文学作品，同时也常用于产品宣传册的制作。

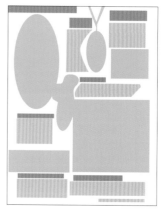

　　产品展示页面中，文字沿着产品的外部轮廓进行绕排，优美的产品曲线能提升整个版面的吸引力，让版式看起来特别生动与优雅。

文字的编排应用

在这个酒瓶包装设计中，酒瓶的宽和高比例较大，形成一个细长的酒瓶样式。为了在形式上与酒瓶的样式达到统一，文字选用竖向编排的方式，同时背景色则使用了较深的颜色，使整个设计有一种厚重感，并形成古朴的典雅美。

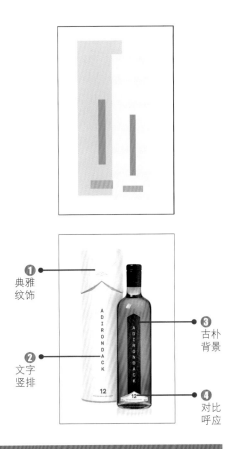

① 典雅纹饰

② 文字竖排

③ 古朴背景

④ 对比呼应

设计鉴赏分析

分析1
雅致的背景纹饰

采用浅色的线条，形成一种淡淡的纹饰装饰整个背景，带来一种精致典雅的感受，提升产品的品位。

分析2
竖向编排的文字

对于较长的产品名称和细长的酒瓶设计，将文字竖向编排，不仅符合整体形式要求，还使名称显示更完整。

分析3
古朴的背景色

选择深褐色作为文字背景，带来一种古典的优雅的美，同时也使产品名称的识别度提高，便于产品识别。

分析4
形成对比和呼应

下方的信息文字选用白底黑字，同时进行横向编排，与白色文字的产品名称形成呼应，并在方向上产生对比。

6.2 文字编排设计的原则

文字作为构成版面的要素，是传达设计意图的主要组成部分。在文字编排过程中也有一些基本的原则需要我们去了解，以求达到文字传达的最优效果。

文字的编排要求我们既要追求文字本身在形式上的优美，又要寻求其在表达效果上的高效率，这二者都是版面设计中非常重要的因素，一个决定版面形式美，一个则影响版面的文字传达效果。所以在对文字进行编排之前，我们有必要了解一下文字编排过程中的一些基本原则，这样有利于我们花更少的时间，得到最好的效果。

提高文字的可读性是我们进行文字编排最根本的目的，只有可读性较高的文字才会吸引更多人去阅读和了解；同时在选择文字样式和编排形式时也要注意，文字的风格样式必须和版面的整体风格相统一。

整洁的文字版面

6.2.1 提高文字的可读性

文字最主要的功能就是阅读，通过阅读向大众传达作者的意图和信息。为了达到这一目的，必须考虑文字的整体效果，避免杂乱无章，给人以清晰的视觉印象，这就需要把握好文字的字体、字号和视觉浏览方向等构成文本的基本内容。

1. 按视觉习惯进行间隔

人们阅读文字有一定的固有习惯，这是经过长时间的阅读过程慢慢养成的，它与人们所处的环境密切联系，所以文字的编排符合一般的视觉习惯，会让读者觉得更加亲切与自然，自然也就能提高版面文字的可读性。

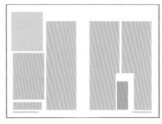

版面选用四栏的分栏方式将大量的文字进行划分，给人以规整的感觉；同时采用较为宽松的文字行距和段落间隔，使字里行间清晰可见，大大提高了文字可读性。

我们这里提到的文字间隔既包括前面提到的字距与行距，也包括文字的自然段与自然段、结构段与结构段之间的间隔，这些文字间隔的运用会让读者阅读时更容易获取文本的主要信息，并对信息进行层次上的分类，对于提升版面文字的可读性具有至关重要的作用。

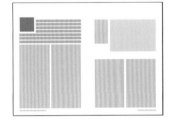

 这个页面中设置了两种文字行距，其中占文本主体的正文使用了最符合人们阅读习惯的间距，而前面的英文则使用较宽的行距，这样不仅有利于对文字层次进行区分，同时在形式上也使版面更加丰富。

在把握好字与字、行与行、段与段之间间隔的同时，对于分栏编排的文字还要注意栏与栏之间的间隔，如果设置得太窄就会让视线在换行时受到另一栏文字的干扰，减慢阅读的速度；而太宽了又不利于栏间文字的转换，所以栏间距一般控制在行距的两倍左右。当然，这个距离也可以根据具体情况发生一些变化，只要能使阅读变得方便，就是合理的间隔。

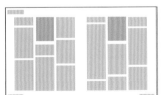

 这个页面是双页三栏对称的版面，这种形式使文字有一个合理的行长，加快阅读的速度，同时为了更好地区分栏与栏之间的文字关系，设计者将栏间距设置成数倍于行距，便于区分。

2. 把握文字间的逻辑关系

　　文字间的逻辑关系包含两个方面的含义，其一是指版面文字在功能上的主次关系，可以划分为标题和正文，也可以划分为主要信息和辅助信息，总之它们在功能和含义上存在着一种逻辑关系；其二则是指文字编排在视觉接触上的先后顺序，是一种视觉流程上的安排。

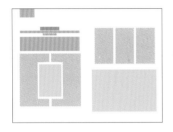

版面上的文字包含了标题、引文和正文几个部分，每个不同的内容使用了有区别的文字设置，使它们之间的关系更加容易区分。

　　要准确把握好文字功能上的逻辑关系，需要我们对版面的文本内容有一个深入了解，既要准确把握文本传达的信息，又要深入地分析文本内容与版面形式之间的联系，做到直观、准确和美观。

　　视觉上的逻辑顺序则需要我们在了解人们一般视觉流程的基础上去深入运用，以求得到最好的视觉效果，使版面的可读性得到提升。

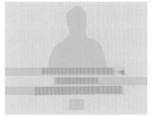

采用最常见的版面流程安排，引导视线从左到右、由上到下移动，使信息的传达过程变得自然而流畅，提升文字的信息传达能力，达到设计目的。

文字的编排应用

索引是将书籍中涉及的人名、词语或概念按照一定的顺序排列起来，以便于检索查询。如下图所示的索引就是将书籍中涉及的一些名词按照其首字母进行排序，使这些信息有序地呈现在读者眼前，为阅读节约时间。

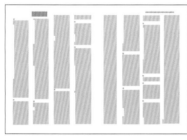

字母分类 ❶

一级索引 ❷

❸ 页码指向

❹ 二级索引

设计鉴赏分析

分析1
以首字母分类
这个索引是以词语的首字母作为索引的标准，将相同首字母的名词按照字母的顺序组织起来。

分析2
一级索引的建立
将书籍涉及的名词按作用进行分类，主要划分为一级索引，以首字母为分类标准。

分析3
指引到名词所在页码
索引的目的是便于查找，所以页码是索引的必要组成部分，便于词语与具体信息进行连接。

分析4
详尽的二级索引
将二级索引进行缩进编排，这样既可以和一级索引区分开，同时也使索引变得更详细，便于查询。

文字是版面的一个组成部分，虽然说文字的样式与风格会影响到版面的整体风格，但是无论文字的作用有多重要，都不能改变其对于版面整体的从属地位，都必须为版面的整体风格与整体布局服务。

1. 文字的位置应符合整体要求

文字在版面的位置不是随意摆放的，而是需要从版面的整体入手进行考虑，以直接、高效的信息传达作为其最终目的。在文字的编排过程中不能使版面上的元素发生视觉上的冲突，也不能造成版面的主次不分，引起视觉混乱；更不能破坏版面的整体感觉，因为即使在细节上的细微差别都可能导致设计的整体风格发生变化。

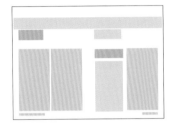

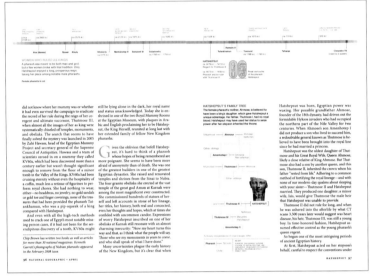

整个页面采用简单的结构，版面上方的图表与下方两端对齐的段落文字将整个版面划分为两个部分，集中的文字内容保持宽松的行距，使文字更加便于阅读。

文字不仅是信息传递的载体，同时也是版面风格构成的重要组成部分，它在版面的编排位置只要符合版面的主题，就会让整个版面效果变得更加生动与具体。

整个版面处于一种朦胧的棕色调之中，所以在文字的使用上也去掉繁杂的装饰，将其编排在版面的左边，与背景形成对比，最终达到平衡。

2. 文字风格与整体版面风格的协调

文字是为整个版面服务的，从字体样式的选择到文字大小的设置再到文字距离的确定，这些局部细节的变化都会影响到版面的整体风格，所以我们在进行文字编排之前一定要慎重分析并熟悉版面的风格。

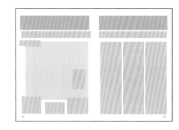

左对齐的文字编排、轻松的图形，使版面带有一种浓郁的节日气氛。为了适应这种氛围，在文字的编排上采用了红色的标题文字，与图片相呼应。

在众多影响文字风格的因素中，字体的样式是最为关键的，通常我们会在比较正式的刊物设计中使用常规的字体，而在更加追求视觉冲击和营造特殊氛围的招贴设计与宣传册设计中使用更具活力与吸引力的字体，以使文字风格与版面风格达到高度统一。

该则广告版面以食品为主题，因此选用与食品质感一致的样式作为文字效果，既能很好地表现出广告的主题，又能使设计意图表现得更为直观。

文字的编排应用

这是一份电影海报设计，在设计形式上，设计者大胆地使用竖向编排的方式，通过文字大小的对比和文字色彩的对比，使海报形成一种创意独特的效果。同时空白区域将海报其他信息很好地突出，准确地传达出海报内容，引起人们对电影的关注。

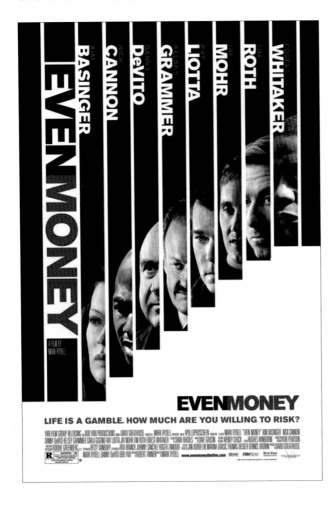

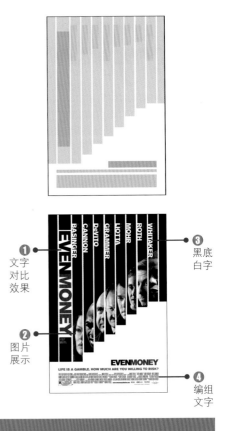

① 文字对比效果

② 图片展示

③ 黑底白字

④ 编组文字

设计鉴赏分析

分析1
文字的对比效果

选用对比强烈的黑、白、红色作为字体色彩，并通过字体的大小对比，使海报呈现另类、个性的效果。

分析2
新颖的图片展示

采用不断重复的方式将图片展示出来，同时通过高低的变化在版面中形成一种错落感，不至于使版面呆板。

分析3
突显的白色文字

少量使用这种对比强烈的白色文字会给人带来强烈的冲击力，但又不会引起视觉上的疲劳。

分析4
编组出现的文字

将其他的辅助信息进行集中编排，使版面保持一种整体感，同时还能达到信息传递的目的。

6.3 个性化文字编排

在版式类设计领域，文字的运用不仅是信息传达的手段，更是文字视觉形态的设计，更多地运用到版面的综合构成中去会使设计意图得到更完美的表达。

在文字的编排设计中，人们越来越倾向于打破和分解传统的文字排列结构，进行有趣味的编排与重组，使版面的空间感加强，具有更加丰富的层次结构。这种结构在文字的处理上存在着极大的灵活性，更加追求文字在视觉上的标新立异，以求提升版面的活力与视觉冲击力，改变过于单一与呆板的文字编排模式。

每种字体样式通过特殊的变化与处理都会展现出不一样的个性特点，能够更加引起人们的视觉注意或者进一步体现设计的特质，我们有必要根据文字内容与版面视觉效果的需要，运用丰富合理的想象力来加强文字的感染力。

充满童趣的文字样式

6.3.1 文字编排的特殊表现

文字的个性是通过特殊的文字样式展现出来的，可以运用各种方式来对文字进行变化与加工，使其个性特点更加鲜明，为版面的整体效果服务，充分展现出设计意图。

1. 文字的表象装饰设计

所谓的文字表象装饰设计是指根据文字的字义或词组的内容进行引申与扩展，得到字体形象化、字意象征化的半文半图的"形象字"，既能给人带来特殊的审美情趣，又具有很强的实用性，体现出视觉直观的"体势美"与"情态美"。

这个文字组合运用各种图释进行装饰，使其形成一种形象化的样式，让文字组合变得更加具体，带有一种优雅的"体势美"，符合人们的审美情趣。

实现表象装饰文字的编排设计的具体方法是将一个字或一组字的笔画、部首、外形等可变因素进行变化处理，大体可以分为改变文字外形的形状设计、改变文字特定笔画和主副笔画的笔画设计、改变文字内部结构的结体设计三种，这些方式的最终目的都是为了让文字的特征更加生动、形象。

通过对文字的笔画和构成物质进行变化，也可以产生一种新的富含情感的文字形式，可以使其吸引视线的能力加强。

文字的表象装饰设计虽然对文字的装饰没有十分明确的意义，但是在设计编排的过程中应该注意文字整体装饰风格应与内容相协调一致，二者互为表里，相互促进。

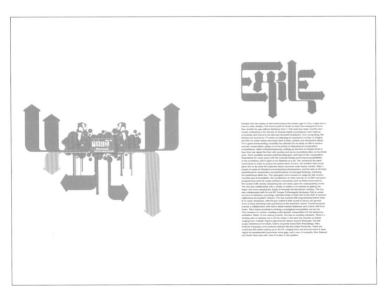

版面以单纯的白色为背景，在文字的设计上选择与左页面中图片色彩一致的绿色为文字色调，并且与左边的图案形成呼应，使版面更加统一、协调。

2. 文字的意象构成编排

文字的意象构成设计又叫意象变化字体图形，其特点是把握特定文字个性化的意象品格，将文字的内涵特质通过视觉化的表情传达，构成自身趣味。通过内在意蕴与外在形式的融合，一目了然地显示其感染力。

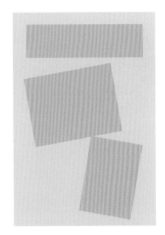

▲ 这个文字属于同质同构，即为了表达"CALL ME"这个主题，选择了与之有密切联系的物质进行设计，将其特性表达出来。

意象字体设计赋予了文字强烈的意念，通过联想等方式让文字带有更为丰富的感情色彩，使文字超脱了"形似"的束缚，将具体的"形"提炼为抽象的"意"，从而获得以文传神的表达效果。

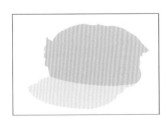

▐▶

这个文字组合属于形义同构的组成形式，将文字组成需要表达的图形，让文字的表现力变得更强，使版面具有很强的视觉冲击力，实现含义和形式的双重构成。

文字的意象构成具体的表现方法可以分为：根据字义外形特征的相似，以另一物象及特性把创意传达出来的同质同构设计；借用字本身的含义特征，将所要传达事物的属性表达出来的异质同构设计；把含义、形象两类同构综合起来，利用含义的相似和形式的相似进行双重构成的形义同构设计等几类。

⫸

这是一则鞋子的广告，其文字也属于同质同构的形式。为了更好地表现这个主题，选择鞋带来构成文字，使其更具创意性。

3. 文字的图形表述

随着人们生活节奏的加快，图片率高的版面越来越受到广大读者的喜爱，因为图片的信息传达效率和吸引眼球的能力比文字强多了。而文字的图形化表述就是为了改变单一机械的文字编排模式，使版面更具吸引力，提升文字版面的传达效率。

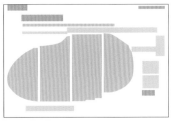

将文字编排成直升机的形式来表达直升机这个主题，给人留下最直观的印象。同时，文字的图形化也能更好地引起人们的好奇心理，进而得到更多的关注。

文字的图形化编排是指将文字排列成一条线、一个面或是组成一个形象，着重从文字的组合入手，而不仅是强调单个文字的字形变化。这样既可以追求形意兼备的传达效果，也可以只求形式上的装饰作用，使版面的图文相互融合、相互补充，利用图形化的文字来表达主题思想。

▲ 直观、高效和冲击力是这份海报的特点，通过更改文字的大小和排列方式，使其形成音乐符号，创意独特；图文的完美结合突出了画面主题。

对于一些特殊的文字样式，其本身就是一种强烈的图形语言，比如最常见的手写体就是形象直观易懂、朴实的图形语言，受到广大设计者的喜爱。在采用文字图形化编排的同时，要着重追求图形传达文字时更深层次的思想内涵。

◀▶

版面中的手写体带有浓厚的个性特点，充分地表达了版面愉悦的气氛，这种文字本身就是一种带来浓厚美感的图形样式，增加了版面的表达效果。

文字的编排应用

公共建筑导向字体设计

这是一个图书馆的导向设计，通过简洁的文字和明确的方向指示标志引导人们在图书馆中轻松地寻找需要的东西。同时，在样式的选择上设计者也非常注重其与周围环境的融合，使其整体性更强，在不会影响建筑效果的同时实现导向的目的。

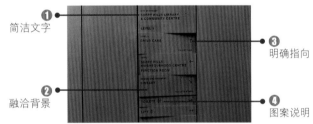

简洁文字
融洽背景
❸ 明确指向
❹ 图案说明

设计鉴赏分析

分析1

简洁的文字说明

作为导向设计，文字的简洁性非常重要，因为简洁才可能让人在最短的时间明白需要去的方向。

分析2

融洽的背景选择

直接以墙体作为导向牌的背景，使整个导向设计可以与环境轻松地实现统一，让设计变得更简单。

分析3

明确的方向指示

明确的指向性是导向设计首先要追求的，要实现导向的目的就需要有明确的方向指示标志。

分析4

公共图案展示

在导向设计中要注意对最常用的和约定俗成的图案样式的运用，这样可以使整个设计导向更明确。

在平面版式设计中，文字很少以单个的字母或文字出现，而是以一个词组或是段落的形式出现；当然，只要出现两个或两个以上的元素时，就必须要对其进行设置与调整，处理好它们之间的关系会使版面效果更加协调而丰富。

1. 多语言文字的混合编排

不同的语言文字在字体形态上存在着一定的差别，世界语言文字体系中主要有两大体系，即以汉字为代表的东方文字体系和以英文为代表的拉丁文体系。

这两种文字在形态上的差异是由它们的不同构成方式形成的，英文字体以水平基线为构成基础，而汉字则是以假想框作为基本框架。

汉字字体是将文字完美地放置在一个方形的假想框中，比如这里使用的红色线框，这样就让文字有了一个基本的框架结构。

基准线

英文则是以流线型的方式存在，水平基准线是其造型的基础，也是文字编排时进行对齐的基准线，所有的文字都位于这一条线的上方，即上图中的红色虚线。

中英文混合编排时需要统一二者之间的文字大小与基准线，以使文字高度在一行上的变化不会太明显。同时文字间的间距也是需要注意的，由于二者在进行编排时，文字的间隔是以某一种语言的文字进行设置的，所以直接对这两种文字进行编排会造成版面文字的间距存在一定的视觉差异，影响版面效果。

简单的文字组合，两种语言文字不协调。

对英文的大小进行调整，使大小对比较合理。

使英文的基线与汉字的下划线对齐，同时调整两种文字的字间距，使其整体更协调。

多语言文字混排时，必须要在这些语言中分出主次关系来，使版面有一个明确的层次关系，有一定的侧重点，避免版面在文字上出现平均的现象，导致版面过于呆板。

这是两种语言的混合编排模式，对二者分开编排，使其形成两个分开的块面；同时以一种文字作为主体，便于组织版面，实现统一。

多语言文字编排的版面会因为语言文字的差异为版面文字增添一种对比关系，而不同的语言文字的字体样式不同，给人带来的视觉效果也不同。所以，在多样语言文字编排时要注意版面字体的统一，过多变化的字体样式会使版面过于杂乱。

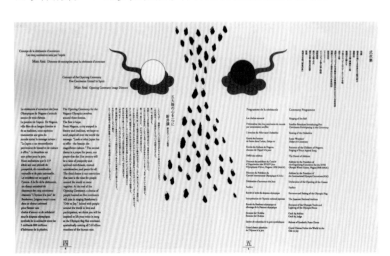

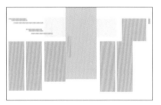

这个版面使用了日文和英文两种文字，为使版面达到统一，二者选择同样大小的字号和相同的文字样式，使版面在不同文字所形成的层次中达到统一。

2. 文字的组块

文字的组块又叫文字的面积化，是将版面上的文字按照内容和层次进行面积化的编排；通过组合文字面积大小的变化，使版面文字出现弹性的点、线、面布局，从而为版面制造紧凑的、整洁的视觉效果，让画面富有节奏感与韵律感。

版面中利用不同范围的文字面积表现出张弛有度的画面效果，并利用绕图编排以及文字段落的色彩表现，使文字形成各具风格的面；同时，段首自然的边线与圆形图片的使用也增强了图文的表现能力。

文字的组块化同时还可以对版面文字信息的层次进行划分，引导阅读，因为人们阅读时会习惯性地将具有相同结构的组合文字当做同一信息内容，这样的编排方式会减轻读者阅读的负担，提升阅读兴趣。这种注重文字内在层次关系的编排使版面在保持整体的协调感的同时，也让各个文字组合具有独立的个性特征。

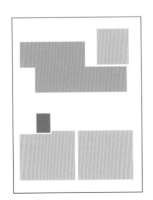

文字的组块编排使版面有了点和面的对比，通过使不同块面内文字样式发生变化，对文字内容进行区分，引导阅读。

文字的编排应用

这份海报通过文字的图形化处理形成一个完整的、具有无限张力的图案，使版面活力四射，充分展示了音乐的激情与魅力；同时还能够清晰明确地传达关于音乐会的具体信息。

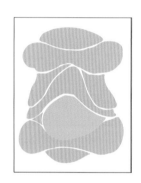

① 简洁背景

③ 强烈色彩

② 图形借用

④ 图形化

设计鉴赏分析

分析1

简单的纯色背景

背景就好比是演出的舞台，使用单色背景，没有任何的点缀，使主题的"表演"具有广阔空间。

分析2

图文完美组合

借用嘴造型与文字进行完美的结合，利用"嘴"的形象向人们传达出音乐的激情，给人直观的印象。

分析3

充满激情的红色

版面使用红色具有两种作用，其一是增强版面色彩对比，提升版面的吸引力；其二则是表达音乐带来的热血沸腾的感觉。

分析4

图形化的文字编排

版面文字编排的目的非常明确，希望展现一个狂热的歌手形象，以达到表现主题的目的。

富含空间感的杂志内页设计 · -

　　下面的杂志展开页向人们展示了一个极具空间感的简洁版面，利用构成版面的图案安排文字，让版面自然有序，内容丰富，带领读者的思维进入一个立体的真实空间。

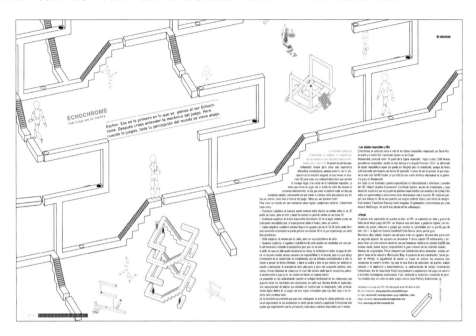

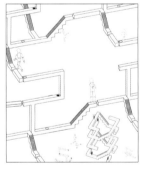

❶ 利用图形制造空间

利用框架图形在版面纵深穿插，使版面具有一种强烈的空间关系，让二维的空间表现出三维的样式。

❷ 因势利导，编排文字

根据版面图形的方向合理地编排文字，使文字在版面中也形成一种空间感，与版面的整体样式达到统一。

❸ 文字沿图编排

根据图片的外部轮廓走势安排版面文字，使文字也形成一条灵活优美的轮廓线，同时还能让文字与图片结合得更加紧密，更加整体。

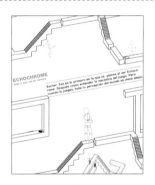

❹ 集中的文字分组编排

将版面的主要文字进行集中排放，同时还根据文字在内容上的联系，对其进行分组编排，使文字信息更集中，同时更具层次感。

第7章 图片与图形的版式设计原理

图片的编排
图形的编排

7.1 图片的编排

图片是版面三大构成要素之一，是一种更直接、更形象、更快速的视觉传达元素，同时也是一种大众化的视觉元素，不会因为国界和语言的不同而影响交流。

如果说文字是最详尽的表达方式、色彩是最感性的表达方式，那么图片就是最直接、最直观的表达方式。它是我们见到物体的真实写照，所以图片最基本的功能就是记录性，能够让瞬间的画面变得永恒，在不同时间和空间之间进行传达和交流；同时图片还具有独特的艺术性，一张构图严谨、内容生动的图片会带给人一种美的享受。

去底图片的编排

7.1.1 图片的基本编排方式

图片在版面中的作用会受位置、数量、面积、形式等多方面的影响，所以我们有必要从这些方面去深入了解图片在版面中进行编排的基本原则，以加深对版式设计的了解。

1. 图片放置

图片的放置是版式设计重要的一步，只有图片的位置确定了，我们才能根据图片的样式与位置来编排其他元素。图片不像文字那样具有很强的可塑性，能够根据版面的需要自由编排，它是以一个较大块面的样式存在的，所以以它为编排的第一步，方便从整体上控制版面的样式。

这个版面的图片经过去底处理，图片的轮廓参差不齐，而文字又是采用绕图编排的形式，所以只有先将图片的位置确定下来，才能对文字进行编排。

图片是版面整体布局中的一个环节，图片的编排对版面整体框架的建立具有非常重要的作用，同时在版面视觉焦点上恰当地摆放图片，可以使版面的视觉冲击力得到明显并且充分地表露，让版面变得清晰并且富有条理性，所以图片一般不放置在四个边角，当然，追求特殊效果时除外。

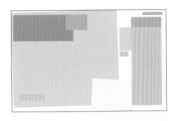

▲　这个版面上的图片编排采用了大小对比的方式进行组织，让版面的元素富含节奏感，同时这种以图片为主导的版面在图片的位置上也进行了特殊处理，使其在版面集中并处于版面的左部，成为版面的视觉中心。

　　在放置图片的过程中，我们不仅要对其在版面上的空间位置进行安排，还要考虑图片间的先后顺序，按照图片的主次关系和逻辑上的先后顺序对其进行编排，使图片有一种明确的方向性，让欣赏者能够在第一时间了解主要的信息，明白图片的逻辑关系，使版面的整体结构严谨，脉络清晰。

版面的图片是为了对所涉及的文字进行详细的阐述，所以在图片的安排上，根据操作步骤的先后顺序将图片从上到下进行编排。

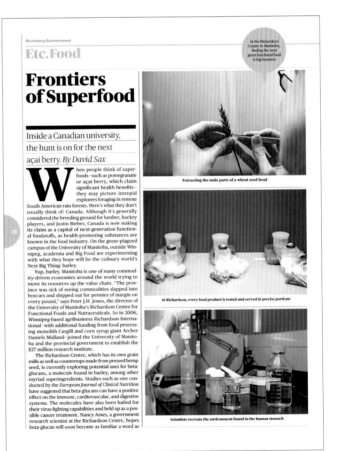

2. 图片面积与张力

版面图片面积的大小直接影响着版面的图文比例，同时也影响了版面信息的传达。大图片使版面产生一种饱满的心理量感，提升图片的视觉扩张力和注目度，给人一种舒适、亲切之感，使其成为版面的视觉中心；而小图片则在图文对比中处于弱势，给人带来一种拘谨的感觉，但同时也会让版面变得简洁而精致。

版面图片通过出血编排，人物形象几乎占满了整个版面；同时下半身和手臂延伸到版面之外，使版面有一种强烈的张力和视觉冲击力。

图片的大小面积对比使版面富含张力与活力，同时也能够体现出版面图片的主次关系。当版面出现多张图片，我们需要表现其主次关系时，可以放大主要的图片，使其变得显眼。因为相比较而言，面积大的东西比面积小的东西更容易引起注意，所以增加图片的面积对比是突显版面图片主次的一个重要手段。

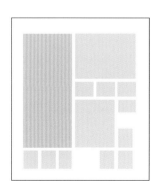

这个版面采用图文分开排列的形式，而图片本身在面积上也有所变化，通过这种变化来体现其在版面上的主次关系。

3. 图片形式

图片作为版面编排的重要元素,其存在的样式也是多种多样的,不同的形式也会造成不同的设计效果,具体可以分为方形图片、出血图片、退底图片、化网图片等几种形式。

其中方形图片是我们最常见的一种图片形式,通过照相机、扫描仪等途径获得的图片大多数都是方形的,这种图片构成的版面比较稳定和大气,容易实现版面的平稳。

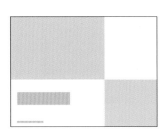

▲ 简洁的图文构成形式、大量的留白,使版面具有很好的透气性,给人一种清新的感觉;同时方形的图片形式让版面具有一种稳定的感觉,避免版面的重心失衡。

出血图片则是指在编排时将图片铺满整个版面,没有边框的束缚,使版面有一种向外的张力感和舒张感,同时还有一种强劲的运动感,在拉近了版面和欣赏者之间距离的同时,还可以增加版面的联想性,丰富版面内容。

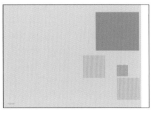

▲ 版面上的图片采用出血编排的形式,使图片与版面等宽,这样给人一种言有尽而意无穷的感觉。图片着重突出人物面部表情与头型样式,给人带来一种靓丽的视觉享受。

前面提到的两种图片样式都是对图片的直接运用，而退底图片、化网图片两种图片样式则是通过特殊的手段处理得到，其中退底图片是根据需要按照选定图像的边缘进行裁剪而得到的图片样式，它具有自由灵活、主题突出的特点；而化网图片则是利用图片处理技术来减少图片的层次，进而达到衬托主题的目的。

▲ 这个版面的图片也是采用出血编排，在对图片进行编排之前还对图片进行模糊化的处理，这样不仅与"Disappear"这个主题相关联，同时还可以使文字的效果不受图片的干扰。

4. 图片组合

所谓图片组合指的是版面出现多张图片时将构成的语言及形式组织到一起，形成一个新的结构样式，将信息传递给欣赏者。图片的组合方式主要有块状组合和散点式组合两种。

其中块状组合强调的是图片之间的直线分割，这种样式组织的版面图文相对独立，图文交替出现，使组合后的图片整体而大方，富于秩序感和条理性。

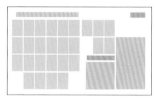

▲ 图片进行组合编排，置于版面的左边，与文字的组块形成一个对比和呼应的关系，由于版面的图片过多，而且普遍偏小，所以如果采用散点编排会使版面变得散乱。

而散点式的图片组合之间的编排则相对较分散，具有随意性，表达着一种强烈的自由感；版面比较轻松活泼，给人带来一种愉快清新的感觉，同时也使图文间的联系加强，常用于表现图文相互说明的版面。

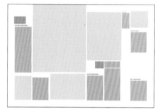

▲ 这个版面的信息种类比较多，所以对于图片的安排也就更加灵活多样，使每张图片都对应与其相关的文字信息，让图文的联系更加紧密，便于人们阅读、理解。

5. 图片的方向

图片本身是不具备方向性的，其方向由图片上的物体方向决定。灵活地处理图片物体的方向可以使版面具有一种强烈的动势和方向性。以人物图片为例，图片上人物的动作、脸部朝向以及视线方向都可以让人感受图片的方向性与运动感，使版面有一种跃动的感觉。

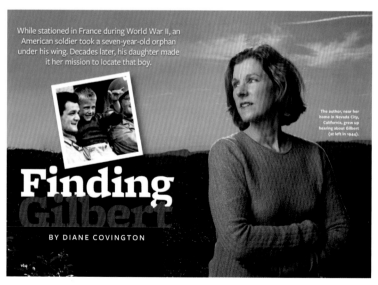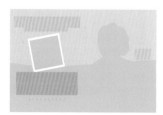

▲ 版面上的主要人物安排在右边，成为版面的视觉焦点，通过人物的头部偏向和视线方向，将观者的视线自然地引向版面的文字部分，使版面的图文非常生动地联系在一起。

版面上图片的方向可以起到引导视线的作用，让人们的视线沿着图片的方向移动；同时，图片的方向也是保持版面平衡和逻辑性需要考虑的问题，比如图片上人物的视线一般是朝向版面内部，这样有一种稳定感，而朝向版面的外部则容易使版面重心不明确。同样，谈话类的版面中，图片的视线一般相对，以便形成一种交流的感觉。

总之，图片方向的运用可以使版面的逻辑关系更加合理。

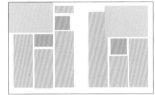

版面上的两张人物图片都选择向内的朝向，这样不仅可以将读者的视线导向版面的内部，同时还可以造成视线交流的感觉，增加二者之间的联系。

图片的方向性也会带来运动感，它是通过图片上的人物肢体动作或物体的运动而形成的；也可以通过图片的裁剪，造成图片本身的倾斜，进而形成动感。通过对图片的动感强弱的掌握可以控制版面的整体动感和稳定感，构成和谐而生动的版面。

通过人物的动作和旗帜的飘扬，图片带有一种动态的感觉，让人从中感受到图片中那种热烈的气氛，产生一种身临其境的感觉。

图片基本应用

打造时尚杂志醒目图片编排

　　版面上图片的吸引力通常通过图片样式、图片上的物体色彩、人物形象和动作等几个方面来表现，而如下图所示的版面就是通过大胆、艳丽的人物形象与动作来提升版面的视觉吸引力，简洁的图片编排却让版面充满青春活力。

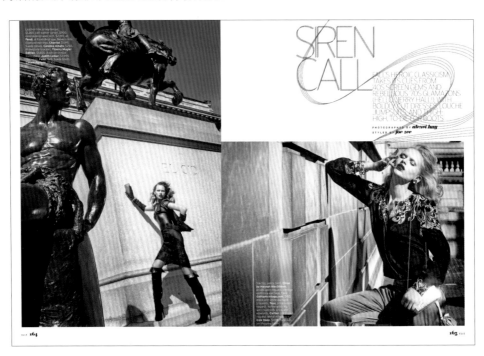

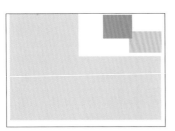

① 形象对比

② 方形图片

③ 灵动的线条

④ 夸张的动作

设计鉴赏分析

分析1

形象对比

拍摄版面左边的图片时，将雕塑巧妙地放置在画面中，与艳丽、较弱的人物形象形成直接的对比。

分析2

方形图片的编排

版面选择方形图片的样式，这种图片的边线非常整齐，所以在组合编排时很容易得到统一的效果。

分析3

线条元素的灵活运用

通过加入线条元素，版面增添了一种灵动的样式，打破了方正的图片编排上所带来的呆板感。

分析4

夸张的人物动作

图片中的人物动作幅度非常大，带有一种张力感，这种夸张的动作给人视觉上带来一种新鲜感。

图片沿主体形象的边缘线进行裁剪，使图片样式更加突出和具体；去掉那些多余的背景物体的影响，使主体更加突出，同时也让形象更加鲜明。

在对图片进行去底处理时，一定要做到精细，将主体形象与背景物体进行彻底裁剪，这样才能表现出精致的形象；同时在利用去底图片进行图文混编时，注意设置比四边形图片编排稍宽的图文间距，不然容易产生压迫的感觉。

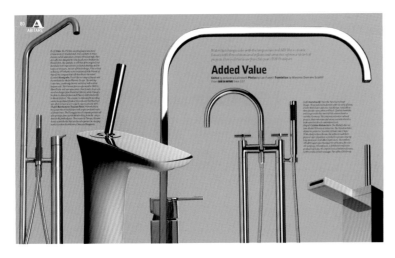

这个版面的图片都是经过去底处理的，去除了图片背景的干扰，使产品图片变得更加生动直观，让读者对该产品的整个样式有一个完整印象，同时也有利于文字的穿插编排。

图片去底需要精细，是为了表现出该物体的优美形式；但是也有版面不需要那样精细地裁剪，而是按照图像的轮廓稍大的外边缘线进行粗略裁剪，这样既能去掉图片规整的四边形轮廓，又能提高工作效率，同时还能使图片裁剪出来的图形与文字形成对比关系。有时为了增加版面的新奇感，设计者还会有意地为去底图像添加一个轮廓区域。

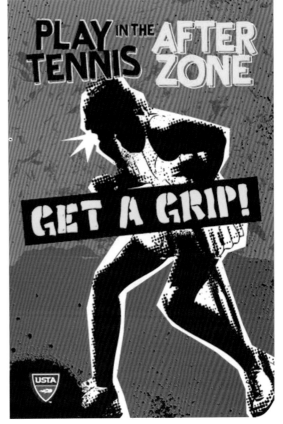

版面中的图片通过沿人物的轮廓进行粗略裁剪而得到，使人物形象与背景有一个过渡区域，同时让图片形成一个生动的图形。

图片基本应用

设置特殊底纹的版面效果

这个版面具有色彩丰富、样式生动的特点，主要是介绍相机类的产品，所以不仅通过相片的展示来表现相机的拍摄效果，还通过色彩丰富的底纹图片来增加版面的色彩层次，提升版面的注目性。

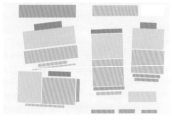

① 底纹效果

② 文字背景

③ 变化的框架

④ 图片展示

设计鉴赏分析

分析1

特殊底纹选择

整个版面的背景选择了带有一定过渡色彩和一些简洁线条的图片，这样直接为版面增加了一个层次。

分析2

有区别的文字背景

不同文字组的背景选择了不一样的色彩，让它们在整体上有一个区分，同时还丰富了版面色彩。

分析3

改变图文编辑框方向

不仅对图文编辑区域的色彩进行区分，还通过改变其方向，使版面具有一种错落的节奏感与变化的韵味感。

分析4

直观的图片选择

切合版面的宣传主题，直接使用图片进行展示，不仅使版面更丰富，同时也是相机拍摄效果的直接展示。

版面是由图片、文字、色彩等多种元素共同组成的，单独由图片构成的版面在实际操作中非常少见，大部分都是以图文混编的形式存在的，所以我们要深入了解一些关于图文混编的知识。

1. 图片与文字的位置关系

图文的位置关系首先要从整体版面上考虑，根据版面传达内容的需要来安排图文是相互独立的分组编排，还是将图文混合进行散点式编排。分组编排会让版面结构清晰、整洁，而散点编排则会让版面变得灵活多样，同时还能拉近图文之间的距离。

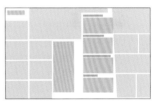

这是一个对页设计，设计师将图片集中安排在版面的左右两边，这样既规整又使版面带有一种对称感，同时通过斜线的分割让图片组合的边缘线有了一些变化。

但是无论是分组编排还是散点编排都必须掌握一个原则，就是图片不能插入到不合适的位置，影响文字的可读性和连贯性。例如，在成段的文字中就尽量不要加入图片，否则会打乱文字的阅读节奏，造成阅读顺序的混乱。

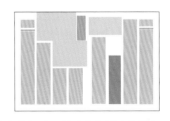

这个版面的图片集中并与文字进行混合编排，但是为了不让图片影响文字的阅读，设计者将图片编排在文字的边缘，使二者在形式上相互融合却又不彼此影响。

2. 图片与文字的协调统一

图文编排要注意控制版面的协调性、统一感，这种统一感不是通过统一编排样式形成的，而是通过统一文字边线和图文间隔实现的。图片块面和文字块面的宽度进行统一会使版面更加整齐，整体感也更强，而统一的图文间隔则会让文字的说明性更强。

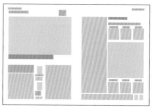

▲ 为了追求版面图文编排的统一，设计者将图片的上边缘线与有页面的文字上边线对齐，而其左右边线则与左页面的文字边线对齐，使整个版面的框架更加规整。

统一感是版式设计的一般性要求，而变化则会增添版面的活力，所以在统一的前提下我们可以适当地加入一些变化。同时，统一也不能以降低文字的可读性为代价，比如在图片中插入文字时就要注意文字在图片上的可识别度，还要留意文字的位置，不能覆盖图片的重要位置。

▲ 版面的一部分文字编排在图片上面，为了不影响文字的可读性，文字的色彩选择了黑色，这样虽然与图片的色彩没有多大的联系，但却提升了版面的可识别性。

图片的编排应用

巧用图片设计杂志内页

如下图所示的杂志内页设计中，首先映入眼帘的是模特的脸部，设计者将去底处理后的图片置于画面视觉中心位置，出血的设计与少量简洁的文字营造出整个版面独特的视角，简洁的画面顿时夺人眼球。

1 方正的文字排列

2 具有张力的图片

3 文字沿图编排

4 图片的出血

设计鉴赏分析

分析1
方正的文字排列

杂志中对于品牌产品的介绍正文被整齐有序地排列在版式左上方，给人一种正式感。

分析2
张力的图片选择

图片放大展示了女性的整个面部，让女性的美得以精细展示，整体版面也因此显得极具张力。

分析3
文字沿图编排

品牌名称文字尺寸较大，且沿着女性手臂的方向进行编排，合理运用版式空档，达到突出文字的效果。

分析4
图片的出血

版式中的图片采用了出血的形式撑满了整个画面，显得具有品质感。

7.2 图形的编排

图形是与图片功能相似的一种视觉元素，与对实际场景进行描绘的图片不同的是，图形是从整体形状入手进行定义的，在版式中它不仅指除摄影以外的图和形，还指版面文字所组成的形状。

图形是我们在日常生活中比较常见的一种视觉形式，是一种可以只凭视觉感知而不需要语言说明的信息传达方式，它以其独特丰富的想象力和创造力成为版面构成中一种充满魅力的视觉元素，让版面的语言表达形式变得更加丰富。

通过对版面上所有图形的控制，使版面的整体感更强，这里的图形也包括与文字组块编排所构成的形状，它既可以与版面的图片、图形形成呼应，也可以从整体上对文字的编排进行把握。

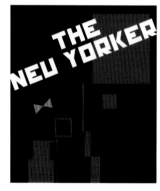

图形构成

7.2.1 图形的主要特征

图形作为一种表现力极强的语言形式，多样的特征铸就了其丰富的表现，其特征主要包括简洁性、夸张性、具象性、抽象性、符号性和文字性等几个方面。

1. 图形的简洁性

简洁是一种高度概括、极度浓缩的抽象形式，是从众多因素中不断组合、筛选出来的，简洁性是图形设计的准确性和清晰性得到保证的前提条件，因为简洁的样式会提高图形被记住的可能性，使版面重点突出，视觉效果得到最优。

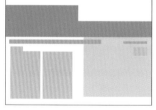

通过简洁的图形表达文字所介绍的内容，这种图形的选择一般是越简洁、越直观越好。该版面通过两个简洁的拟人化的图形来表现，让版面变得更生动。

2. 图形的夸张性

夸张是设计创作的基本原则，通过这种手法可以直接鲜明地揭示出事物的本质，增强其艺术传达的效果，赋予人们一种新奇与变化的情趣，使版面的形式更加生动与鲜明，进而引起人们的联想。

▲ 版面通过图形大小和形式的夸张对比，给人带来丰富的想象空间，使版面充满一种新奇感，达到吸引目光、引人注意的目的。

3. 图形的具象性

任何图形都是源自自然界当中实际存在的形态，而图形的具象性一定是写实性与装饰性的结合，这样的图形样式会给人带来一种亲切感，留下直观视觉印象。具象图形以反映事物的内涵和自身的艺术性去吸引和感染读者，使版面构成一目了然。

⫸

在黑色的背景中，一个吉他状的白色图形展示在上面，与背景形成鲜明的对比，增加版面的注目度，同时具象的图形给人留下直观的印象，将版面信息与吉他自然地联系起来。

4. 图形的抽象性

单纯简洁而鲜明是抽象性图形最主要的特点，它运用简单的几何形点、线、面等来提炼和构成图形，表现的是事物本质的、主要的特性；是规律的概括与提炼，能够给版面营造一个想象的空间，使观赏者去联想与体味，使版面具有一种广阔感和深远感，让版面具有时代气息。

版面上的图形通过极其简练与抽象的方式展示出来，前面的人物形象与后面的椭圆图形组形成对比，给版面营造出一个巨大的想象空间，丰富版面层次。

5. 图形的符号性

图形的本质就是一种视觉符号，当一种物质具有了传达客观世界的作用并被公众认同时，它就具有一个符号的特点，比如停车标志就被人们普遍接受并执行。而图形就是一种高度凝练和概括的符号，这种符号具有象征性、形象性和指示性的特点。

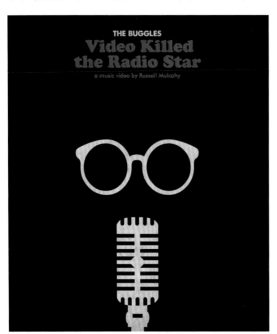

其中，象征性是通过感性的、含蓄的图形符号暗示与启发观赏者产生联想，揭示其内在设计意图。

灰色的镜框与麦克风就象征了戴眼镜的人与播音这个行业，使人对二者有一个自然的联想，在不影响版面信息量的同时，还保证了版面的简洁性。

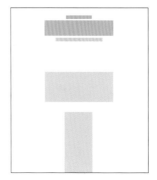

而符号的形象性与指示性则是由图形符号本身的样式决定的，形象性是指以清晰的图形符号去表现版面的内容，即是一种直观的形象表达，增加图形与版面内容的联系，使图形与版面内容达到一致；图形符号的指示性是指通过图形引领和诱导观赏者的视线按某种方向进行流动。

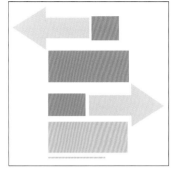

这个版面借用电路图的形式构成表示方向的箭头图形，这种形象的图形使人联想到"电流"，达到传达版面信息的目的，同时这种图形还可以引导方向。

6. 图形的文字性

　　图形的文字性首先是由于文字存在的本身符合图形的审美构成原则。图形的文字性具有图形文字和文字图形两层意思，其中图形文字是指将文字用图形的形式表现出来，最常见的是文字类的徽标设计；而文字图形则是利用文字作为基本构成元素形成图形，进而构成版面，使版面图文并茂。

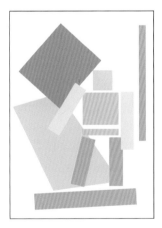

版面利用文字构成人物形象，简洁而又生动，这种样式让版面具有很强的趣味性，很容易引起人们的好奇心和新奇感，进而实现传达的目的。

图形编排应用

产品的宣传海报以抽象的动画效果为表现主题，利用大胆的裁剪将图片中需要重点突出的部分进行扩大展示；同时利用有彩色与无彩色的完美结合，使整个画面独具个性，给人非同寻常的视觉感触。

特殊肌理
的背景

人物剪影

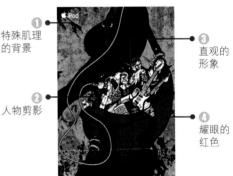

③
直观的
形象

④
耀眼的
红色

设计鉴赏分析

分析1
背景的特殊处理
使用拓印、腐蚀等特殊手段形成一个具有特殊效果的背景，带给人自然、沧桑的感觉。

分析2
人物剪影的运用
版面使用人物剪影来代替真实的人物图片，避免了靓丽的人物形象分散人们对版面的注意力。

分析3
直观的形象表达
在人物挎包中装下了音乐中从伴奏到演唱的全部形象，将该产品的强大功能展现得淋漓尽致。

分析4
耀眼醒目的红色
版面整个色调处于一种灰色调之中，而红色是版面中唯一一处有彩色，成为版面上最具吸引力的地方。

7.2.2 图形的样式编排

无论是对自然形态进行概括的图形还是文字组合构成的图形，在版面构成中都有一定的规律可以遵循，对这些规律的掌握可以使设计者在图形编排时变得得心应手。

1.图形的编排布局

图形在版面中的布局要从整体性和简洁性入手考虑，使版面给人留下一个完整的印象。在保持整体性的同时还要在版面中增加图形与图形、图形与背景间的对比，这样可以提升版面的张力，使设计的重点突出，增添版面的趣味感。

版面将文字图形化，并且将这种几何化的图形有序地编排在版面上，使版面空间变得充实，同时还有一种新颖的视觉效果，给人带来整齐的视觉体验。

版面图形的对比形式具体可以分为大小对比、明暗对比、曲直对比、动静对比、虚实对比等多种对比方式，不同的对比会带来一种不一样的效果，比如动静对比就可以通过"动"与"静"的对比来增添设计的动感，提升版面的活力。当然，无论哪种对比都是为版面的最终效果服务的，使其更加生动和丰富。

通过流线型的变化，图形让版面有一种跃动的感觉，同时通过色彩对比、动静对比、虚实对比使版面充满活力，并且还保持了版面的简洁性。

2. 图形形状的应用

图形运用到版面当中，不仅成为构成版面的重要元素，同时其具体形状也是形成版面整体印象的关键部分。而图形按其形状样式又可以划分为规整的几何形与活泼的自由形，其中几何形给人一种严肃整齐之感，比如正三角形编排是最富有稳定感的金字塔形，而逆三角形则富有极强的动感。

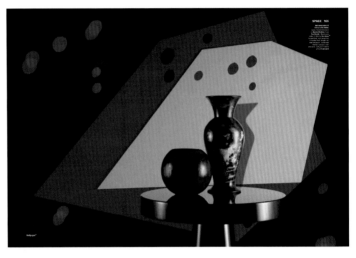

这个版面通过几个多边形构成版面的背景，对每个图形添加不同的颜色，这样重叠的图形使版面背景具有一种强烈的层次感，让简单的版面变得简洁而生动。

而自由的形状则没有特定规律可循，是根据版面实际的编排情况而定的，它让编排更加自由灵活，同时也打破了几何形带来的呆板感，为版面注入活力，带给人自由之感。但是在进行自由形编排时要注意控制版面的节奏，保证其整体性。

版面中通过两个简洁的人物头像构造一个框架，再将文字图形化处理，沿着设定的框架进行编排，使版面有一种自由的气息与活力。

图形编排应用

如下图所示的名片设计中充分地发挥了图形简洁直观的优势，利用吉他状的图形编排在版面上，并使其横跨整个版面，对版面进行分割组织。这样的图形既起到传达信息的作用，同时还可以组织版面。

❶
大号
文字

❷
文字
绕图
编排

❸
人物
图片

❹
吉他
图形

设计鉴赏分析

分析1
主要信息放大显示

名片上将公司或组织的名称放大显示，使其在版面上变得醒目，达到宣传公司或组织的目的。

分析2
文字的绕图编排

将一些辅助性的文字沿图编排，这样既可以符合版面的整体样式，又可以提升版面文字的丰富性。

分析3
直接的人物图片使用

在版面中直接使用人物图片，这样可以通过名片对名片的主人做一个直接的介绍。

分析4
简洁的图形运用

通过使用吉他的剪影图形，让人在接触到名片的第一时间就能感觉到名片的主人从事与音乐相关的工作。

对称的报纸版面设计

这个版面从文字的编排到图片的组合始终保持着对称的关系，这种对称的方式可以保证编排的便利性，同时还可以保证版面的整齐感，给人带来一种严肃的、值得信赖的感觉。

❶ 整体结构上保持对称

在这个报纸对页中，设计者在整体安排上采用了完全对称的样式，这样可以保证左右两个页面在形式上的整体感。

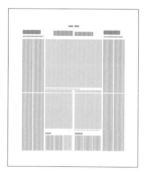

❷ 整齐的图片编排

版面上的图片在编排时保证了图片的整齐性，使图片的边线始终保持着对齐，这样既能对称版面，又能保持图片的规整性。

❸ 文字的层级关系

通过文字大小的变化来区分文字在版面上的不同功能，这样可以保证文字的可读性，同时提升信息的检索速度。

❹ 保持边线对齐的图文

这是一种图文混编的形式，为了保证版面的整齐与统一，通常采用对齐图片与文字块边线的方法进行处理，保持版面整体感。

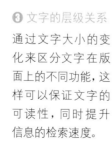

第8章 不同形式的版式设计

版面的分割类型

分割是版式设计中最常用的表现手法，通过对版面的分割，可以灵活地对版面元素进行有机调整和分配，从而使画面形成各种不同风格的版式效果。

所谓分割是指将整个版面分割成几个不同大小的区域，并采用取舍后再拼贴的方式，将图片和文字安置在版面的合适位置。

分割型版面随处可见，包括对图片的分割、对文字段组的分割、对版面各类元素的分割等。同时，分割型版面注重比例和位置的划分，通过对版面进行上下、左右、水平或垂直等区域的划分，以求得视觉上的平衡和审美上的舒适感，掌握好版面的多种分割方法有助于我们对版面内容的控制与编排。

版面的分割效果

8.1.1 上下分割型

上下分割是将版面进行简单、快捷划分的一种分割方法，将整个版面分成上、下两个部分，在上半部或下半部配置单幅或多幅的图片，另一部分则配置文字。上下分割型版面将图片和文字分别进行放置，使图文组合分工明确，版面更加简洁并且易于阅读。

1. 上图下文

将图片置于版面上方，在版面下方配以文字，这种上图下文的编排方式可有效地使观者视觉重心落在图片之上，使人感受到图片所传达的感性而有活力的魅力；而文字部分则安静地置于图片下方，给人理性、合理的感觉。

将单幅图片放大后置于版面上方位置，使图片占据较大的版面空间，给人醒目的视觉感受；而位于下方的段落文字按照图片的左缘和右缘对齐，给人端正、规整的感受。

2. 上文下图

与上图下文的版面分割方式相反，将文字置于版面上方、图片置于版面下方，同样可以达到简明扼要的版面分割效果。

在该幅杂志内页的设计中，文字以标题和说明文字的方式居中置于版面上方位置，图片置于版面下方，上文下图的编排可使版面呈现上轻下重的效果，从而给人稳重之感。

8.1.2 左右分割型

顾名思义，左右分割版面即是将整个版面分割为左、右两个部分，在左半部或右半部配置单幅或多幅的图片，而另一部分则配置文字。这种分割型版面通过左右图片和文字两个部分的强弱对比带来视觉上的不平衡感，从而增强版面的活跃性。

1. 左图右文

将图片置于版面左侧位置，而文字置于版面右侧位置，进行先看图片、后读文字的阅读流程，使文字能够更好地对图片进行分析和说明。

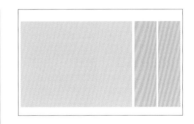

放大的写真图片占据版面左侧较大面积，而右侧的文字进行两栏的分栏编排；同时，两端对齐的文字编排，使整个版面简约、美观。

2. 左文右图

文字置于版面左侧，而图片置于版面右侧，按照从左至右的阅读习惯，左文右图的编排使读者能够首先对文字进行阅读，其次对图片进行观赏。

 单栏的文字段组以两端对齐的方式置于版面左侧位置，将图片进行大胆剪切后置于版面右侧位置，由于文字内容并不太多，因此仍然可通过对图片的运用吸引读者的目光。

8.1.3 水平排列型

水平排列型版面符合横向的视觉流向，通过将版面中的图片或图形以水平的方向进行排列，将文字放置在图片的上下或左右，引导视线以水平方向来回移动。水平排列版面通常给人以稳定、安静、平和与含蓄之感。

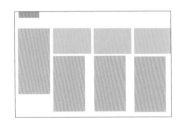

 版面中的图片元素沿着水平方向有序地编排，而文字则对齐于图片左侧和下方的合适位置，水平方向的视觉引导给人规整、稳定的印象。

构成类型应用

美食广告版面设计

在以美食为主题的广告版面中，美食图片的应用必不可少。将图片置于版面上方位置，通过图片自身的魅力，可在第一时间抓住观赏者的目光，同时通过在版面下方添加适当的文字信息，使整个广告版面更加完整、美观。

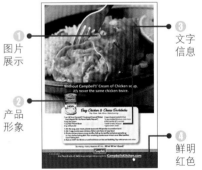

① 图片展示

② 产品形象

③ 文字信息

④ 鲜明红色

设计鉴赏分析

分析1
醒目的食品图片

将美食图片进行出血裁剪后置于版面上方位置，突出的图片展示不禁让人垂涎欲滴。

分析2
精巧的产品形象

将产品形象缩小后置于版面合适位置，在不影响版面效果的同时也传递出使食物美味的原因所在。

分析3
详尽的文字信息

将文字信息以卡片形式安排在版面下方居中位置，形式新颖的同时也将广告内容很好地传递给观赏者。

分析4
鲜明的红色

在版面底部，通过鲜艳红色的衬托将网站信息等突出，并与广告主题图片相呼应，增强了食物的美味感。

垂直排列版面符合竖向视觉流程，将版面中的图片或其他版面元素以垂直的方向进行排列，使视线形成由上至下的移动模式，相对于水平排列版面，垂直排列型版面更富动感。

将版面中的图片和文字按照竖直的方向进行编排，文字左对齐于版面下方右侧位置，给人整齐、规整的印象；而预留的较多空白空间使得整个版面显得更加清爽与干练。

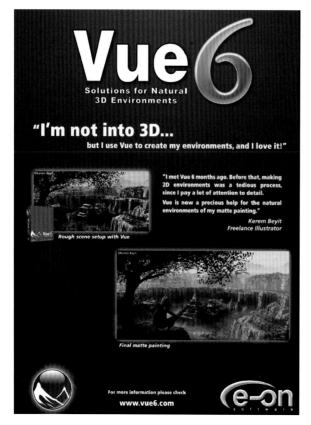

垂直排列型版面具有较强的直观性，在编排过程中，将垂直的版面元素进行有序、合理的编排，可以增强版面的稳定性，从而营造出一种坚定有力的感觉。

在该杂志版面中，在将文字与图片进行垂直编排的同时，还要注意图文之间的相互交错关系。相对平稳的版面构成配以较深的背景色彩，使得整个版面显得更加稳重。

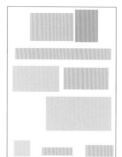

黄金分割法最初由古希腊人所发明，是一种接近完美的比例法则，因此直至今日被广泛应用于各种作品设计中，特别是在版面构成中，设计者们常利用黄金分割比例的方法来确定纸张的基本尺寸，以及实现编排设计中的平衡效果，从而营造视觉上的美感和协调感。

在对版面进行黄金分割之前，首先需要了解黄金分割点的设定方法，以便于之后对黄金版面进行综合运用。其具体设置步骤如下。

❶ 首先将版面设置为正方形。

❷ 将正方形平均分成两个大小相同的长方形。

❸ 分别连接两个长方形对角线，使其形成一个等腰三角形。

❹ 以等腰三角形的顶点向基线画一条圆弧。

❺ 以圆弧和基线的交叉点为准作出垂直线，此时形成的长方形即为标准的黄金分割比例。

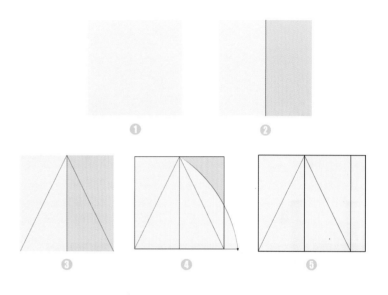

黄金分割设置步骤

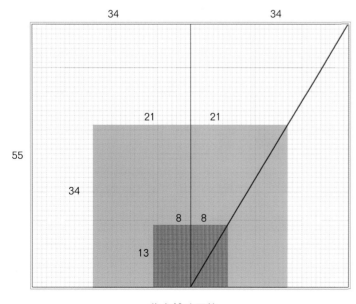

黄金辅助网格

除了利用版面作图的方法得到黄金分割比例外，还可以借助辅助线得到黄金分割比例。

如左图所示，整个版面由68×55的单元网格构成，利用裴波那契数列比例关系，连续在版面的分割上选用13：8的黄金比例，使单个页面分别形成55×34、34×21、13×8三个不同的页面尺寸区，其中13×8的深蓝色区域则为黄金分割区域。

黄金分割法常被运用于摄影构图中，将拍摄主体置于画面黄金分割位置，其目的主要是避免对称式构图或是将主体放置于画面中央，造成画面过于呆板。

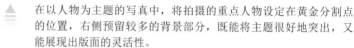

在以人物为主题的写真中，将拍摄的重点人物设定在黄金分割点的位置，右侧预留较多的背景部分，既能将主题很好地突出，又能展现出版面的灵活性。

在实际设计运用中，黄金分割法更是众多设计者推崇的版面分割手法之一，将版面中的重要部分置于版面黄金比例位置处，可有效地将主体突出，以达到吸引视线的目的，同时也能保证版面的协调感和完美感。

在该幅产品广告设计中，设计者巧妙地使用黄金分割法，将产品形象置于版面黄金分割点上，结合明暗光影的运用，使得产品以清晰的形象展现，给人直观又醒目的印象。

构成类型应用

如下图所示为一则化妆品广告的设计版面，整个版面以白色为基底，并将化妆品以重叠的方式垂直安排在版面当中；稍显不稳定的版面提升了整个设计的艺术韵味，版面干净、简洁，给人舒适的视觉享受。

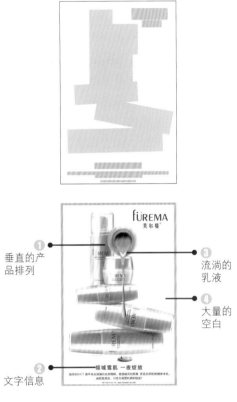

① 垂直的产品排列

② 文字信息

③ 流淌的乳液

④ 大量的空白

设计鉴赏分析

分析1

垂直的产品摆放

将一系列的化妆品进行巧妙的垂直叠放，竖向的版面效果营造出不一样的视觉效果，使人印象深刻。

分析2

居中的文字信息

将广告信息居中置于版面下方位置，将视线集中于版面中轴位置，缓和重叠产品给人的不平衡感。

分析3

流淌的乳液

细滑的乳液从上方的瓶口中淌出，无疑成为整个版面中最抢眼的设计，将产品优良的品质以最直观的方式展现出来。

分析4

大量的留白空间

配合产品包装的简洁感，选用单纯白色为背景，大量的留白使整个版面富有空间感，极大提升了广告的精美程度。

8.2 对称轴型版面

为保证版面各构成元素之间的平衡感，采用对称轴可以有效地将页面中的元素进行对称摆放。对称轴版面利用均衡的版面传递信息，使版面具有统一、规整的视觉效果。

所谓对称轴型版面即是指利用版面中的轴心将版面元素进行上下、左右或其他方式的对称，如右图中的版面主要分为A、B两个页面，并且两个页面以中轴线为界，相同的页面大小和编排方式使整个页面形成对称版面。

对称轴型版面具有统一、庄严的特点，通常能给人以高品质、可信赖的印象。但需注意的是，在版式设计中，如果处理不好版面中的对称关系，很容易造成版面呆板、单调的印象。

A、B版面对称

8.2.1 中轴型

通过版面竖向的中线位置，将版面划分为左右等量的两部分，中轴型版面主要根据页面的需要，可分为水平对称型和垂直对称型两种方式，两种方式均可带来视觉上的规整感。

1. 水平对称型

将横幅的版面以垂直中轴线为基准一分为二，并在划分的左、右页面上安排位置相同并且大小、比例相同的图片和文字信息，使其形成水平两栏的对称版面。

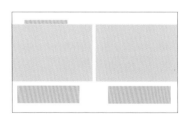

在该杂志内页的编排上，利用垂直中轴线将页面分为左右两面，将图片分别置于两页面中的视觉中心位置，文字以双栏的形式置于图片下方，整个版面和谐、统一，给人简洁明了的印象。

并不是两栏的页面才能构成水平的中轴型版面，以版面垂直中心轴为轴点，只要在以该轴线为基准的基础上将各版面要素进行水平置放，左右两页面中各要素保持位置和大小的摆放一致，也能构成完美的中轴对称效果。

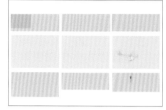

同样是以垂直中心轴为轴心，将版面分为等栏宽的三栏，并将文字与图片分别水平置于每栏中的相同位置处，版面规整却不失生动性。

2. 垂直对称型

以垂直中心轴为基准，将版面中的文字和图片按照竖向的形式依次排放，这种以垂直对称的版面排版方式可让视线集中于版面中心位置，版面干净、利落，具有较强的美观感。

在该产品的广告设计中，设计者将文字与图片整齐居中摆放于版面中心位置，文字的居中对齐方式和位于版面视觉中心的图片无疑加强了广告的宣传力度。

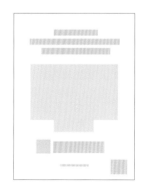

对称型版面是典型的版面编排手法，较之于中心轴版面，其构成形成更加多元化。对称型版面通过横向或竖向的对称轴以及轴心点，可以使版面形成更具风格的对称效果，其中最常见的有以水平线为基准的上下对称、水平镜像对称，以对称点为源的放射对称和对角线对称4种。

1. 上下对称

版面以水平的轴线为基准，利用这条水平的直线将版面中的上、下元素进行对称翻转，形式新颖，富有创意。

借用水平置放的平板将版面一分为二，上方的绿色植物与平板下方的抽象图形形成上下的对称关系。

2. 水平镜像对称

所谓水平镜像即是指如同照镜子一般，将图像进行水平方向的反转，使左右两面的图像相反。版面中的元素进行水平镜像的对称处理后可达到非同凡响的视觉效果，给人对称又灵动的观感。

该版面为洗发产品的海报设计，以垂直的中轴线为基准，将女性形象进行水平镜像后置于版面左右对页中，产品形象也水平镜像于版面中央位置，特殊的对称效果赋予版面不一样的视觉感触。

3. 放射对称

　　放射对称即是指以圆点为基准，将版面元素以放射性的方式围绕该点进行相同方向的旋转，使图像的各相同部分发生多次重复，形成一个类似于环状的放射性版面。

▣▷

版面中以人物头部聚集处为基点，人物肢体以顺时针的方向进行旋转，形成放射性的图像重复效果，版面富有极强的趣味感，给人欢快感受。

4. 对角线对称

　　对角线对称主要是指以某点为基准，将图片和文字分别置于版面对角线的位置上，通过图片对图片、文字对文字的方式，使版面形成对角对称的效果。

◁▣

将文字分别以右对齐和左对齐的方式置于对角线位置，图片也分别安置在对角线位置上，这种对角线的编排方式增添了版面的趣味性。

构成类型应用

宣传册力求准确地传达信息，因此在版面的设计上更应简洁明了。同时为了有效地吸引读者目光，在版面中适量添加视觉元素，可以大大加强版面的设计感，使宣传册富有内涵。

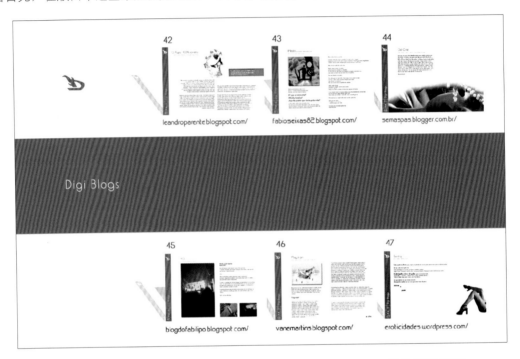

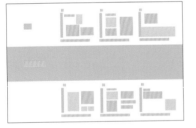

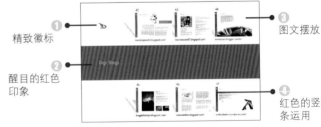

精致徽标

醒目的红色印象

图文摆放

红色的竖条运用

设计鉴赏分析

分析1
精致的标志

将标志缩小后置于版面左上方合适位置，由于预留较多的版面空白空间，因此即使标志极小也能清晰展现。

分析2
醒目的红色板块

使用较大面积的红色色块横跨整个页面，既有效地将版面分为上、下部分，又能给人留下深刻的印象。

分析3
对称的图文编排

以红色色块为基线，将上下图文进行三栏对称摆放，突显宣传册版面规整的排列风格，给人正式、稳重的印象。

分析4
竖向的红色条纹

选用与色块颜色一致的红色做竖条设计，并安置在分栏的图文之间，有效地将不同信息进行区域划分。

8.3 其他版面类型

我们常借助不同的版面类型来表现不同的版面诉求效果，掌握这些版面类型可以帮助我们获得更多灵活多变的版面效果，以求得最佳阅读体会。

不同的版面有不同的规律和个性，在进行版式设计时，我们通常会根据不同的需要，采用不同的形式来对版面中的构成元素进行形式上的编排，在传递信息的同时也能获得更好的版面视觉效果。除了前面所讲的分割型版面和对称轴型版面外，下面再介绍几种常见的其他版式类型。

三角形版面展示

8.3.1 三角形

三角形又称金字塔形，根据人们对图形的认识，在圆形、矩形、三角形等基本图形中，三角形最具有安全稳定因素。如今，我们将三角形的这一定律运用到版面的设计中，并将三角形版面分为正三角和倒三角两种类型，下面依次对这两种版面构成进行详尽的分析和讲解。

1. 正三角形版式

众所周知，正三角形有着最为稳定的图形结构，在版面设计中，将版面中的各元素按照正三角形的结构进行组合后，此时所形成的上尖下宽的版面可给人一种稳定、安全、值得信赖的感觉。

画面中的三个人物造型按照正三角形的结构进行编排，分别将文字置于画面的上方和下方位置，版面结构稳固，给人稳定、不动摇的印象。

当然，也可以将版面中的图片元素分别置于正三角的三个顶点位置，文字分别安排在图片的左右或四周，由于图片占据版面三个顶点位置，因此同样可形成一个具有稳定结构的三角形版面样式。

分别将三幅图片摆放在版面上、左、右三个顶点位置，文字则以对齐方式置于图片旁边，此时通过图片编排所形成的正三角形版面同样给人以稳定的版面印象。

2. 倒三角形版式

　　与正三角形版面相反，倒三角形版面结构上宽下尖，打破了正三角形给人的稳固印象，然而正是倒三角的这种不稳定因素为画面带来不一样的动感和韵律。

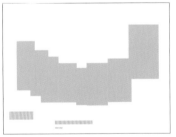

在该幅广告设计作品中，画面以人物的不同运动姿态组成倒三角式的版面结构，整个版面形式多变，给人一种极富动感和生命力的感觉。

8.3.2 四角形

将版面元素分别安排在版面的四角，或者在连接四角的对角线结构上编排图形或图片，此时所形成的版面结构称为四角形版面，其结构规范，能给人一种严谨、规整的感觉。

在这个页面设计中，将4种不同款式的手表分别放置在版面的4个顶点位置上，文字则以左对齐和右对齐的方式置于版面中心位置，版面四角规整，给人方正的印象。

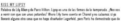

以版面中心点为轴心，将版面十字分为4个部分，并将图片以中心点聚拢，分别安置在4个区域之中，文字置于图片外围。由于图片向中心靠拢，因此此时的四角形版面更具凝聚力，能使目光更加集中在版面中心位置。

将4幅图片以中心点为主，聚拢在版面中心位置，文字则分别绕排于对应的图片外围，通过图片与文字以及各板块间的间隔，很明显地对版面中的4个组成部分进行了划分。

构成类型应用

在该则高跟鞋广告设计中，设计者摒弃以往女性产品鲜艳、色彩缤纷的设计理念，整个画面以无彩色的黑、白、灰为主色调，并利用稳固的三角形版面含蓄地表达出女性独立、自主的一面。

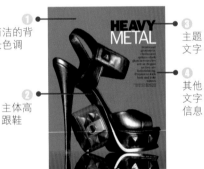

简洁的背景色调

主体高跟鞋

主题文字

其他文字信息

设计鉴赏分析

分析1
简洁的灰色背景

选用单纯的深灰色调为背景，既能与主体高跟鞋配色相互协调，又给人一种低调、谦逊的印象。

分析2
高跟鞋主体形象

将主体高跟鞋放大至一定比例后置于版面合适位置，高跟鞋本身具有的三角形结构赋予版面稳定感。

分析3
醒目的主题文字

选用笔画较粗的黑体文字和较细的白色文字做广告的主题文字，黑白的强烈对比给人醒目、大气的印象。

分析4
其他信息文字

选用统一字号的黑色作为广告信息文字色彩，将其右对齐于版面右侧合适位置，有效地传递广告信息。

所谓满版型版面主要以图像为重点，将图像充满于整个版面当中，满版型版面可以传达出直观而强烈的版面效果，常给人大方、舒展的感觉，是平面广告中常用的形式。

满版的图片效果可产生强烈的视觉度，根据版面的需要，将文字编排在版面的上下、左右或中心点上，此时的文字在版面中仅起到画龙点睛的作用，在视觉上可营造出极强的冲击力，给人深刻印象。

版面以风景写真为主体，满版的版面配置给人一种视野辽阔的感受。纤细的白色文字置于版面右下方位置，既不影响图像的优美景象，又能起到图解的作用。

满版型版式层次清晰，用于平面广告中时，可对于图片进行大胆剪裁，将需要的图片最大程度地展现出来。此时所呈现的满版图像可将人们视线更加集中在放大的图片上，从而给人以饱满、丰富的视觉感受。

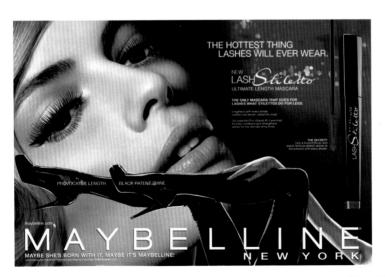
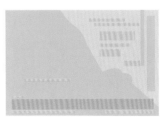

在该幅广告作品中，将图片进行剪切后，人物面部完整地展现在画面之中。将文字与其他图片分别安排在版面合适位置，广告主题明确，同时黑白与红色的搭配给人强烈的视觉冲击。

所谓重复型版面即是指将相同或不同的图片作大小相同而位置不同的重复排列。重复构成的版面图片较多，但由于有着一定的秩序，因此可使原本复杂喧闹的版面呈现出井然有序、安静和协调之感。

重复型版面多用于展现一组相同或一系列相近的图片。将图片裁剪为相同的尺寸大小，并按照一定的规律将图片进行有秩序的摆放，由于图片大小一致，形式相同或相近，很容易造成视觉上的重复印象，给人以统一、舒适的感受。

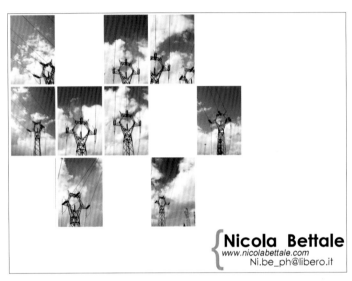

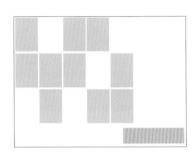

▲ 画面展示为一系列的写真图片，将拍摄内容相似的图片统一尺寸后分别安排在版面的合适位置，错落却有致的摆放赋予版面更多的空间，而有效矢量文字的添加更是为整个版面增光添彩。

当使用同一张图片重复排列在画面当中时，最好将图片进行合理、规整的编排，避免随意摆放的图片导致画面凌乱不堪。这种以相同图片重复摆放的方式可以很大程度地保持画面的秩序感，同时也能增强画面表现力。

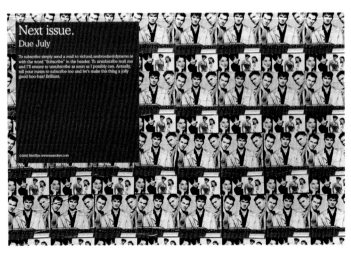

▲ 将同一张图片重复使用在画面之中，并按照统一、规整的形式进行编排，重复的图片填满整个版面，造成极强的视觉冲击力；而左上角的牡丹红色块则能有效地将文字突出，使文字清晰、易读。

构成类型应用

体现神秘的海报版面

　　如下图所示的海报中，画面主要以成年男性为题材，将图片进行大胆裁剪后，使其以满版的形式呈现在眼前，昏暗的色调更是为该幅海报蒙上一层神秘的色彩，引发观者的好奇心。

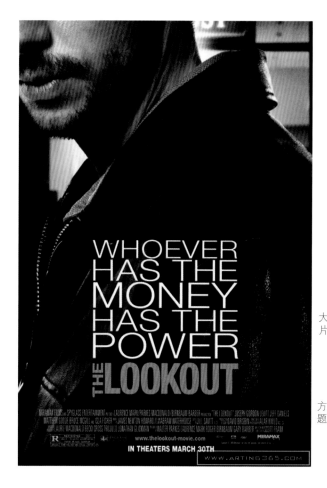

① 大胆的图片裁剪

③ 人物服饰

② 方正的标题文字

④ 详细的信息文字

设计鉴赏分析

分析1

大胆的图片裁剪

将人物形象进行裁剪后，满版的画面给人饱满的视觉感受，而并未露出完整面部的人物更是表现出神秘感。

分析2

标题文字的编排

在深色背景中，白色和橙色文字得以清晰展现，同时两端对齐的编排使文字显得方正、端正。

分析3

将服饰作为背景使用

画面巧妙运用人物深色的服饰做背景，深色的背景不仅增强了画面神秘感，也很好地将文字突出。

分析4

其他信息文字

将其他详细信息居中编排于版面下方位置，紧凑的字距与宽松的标题文字形成张弛有度的画面空间。

所谓自由型版面是指在版面结构中采用无规律的、随意性的手法对图片、文字和其他相关版面元素进行编排,自由型版面形式灵活多变,能使画面产生活泼、轻快的感觉。

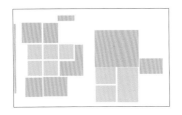

在该杂志对页设计中,设计者将不同数量的图片分别插在左、右页面当中,文字也采用左对齐、右对齐和两端对齐等多种对齐方式进行编排,版面灵活,给人丰富的阅读体验。

自由型版面在版式上追求自由的编排形式,因此在构成上需要打破常规,体现出无限的创造力和独特的风格。但同时在编排过程中也须注意把握画面的协调性,避免太过自由的版面编排给人零散、凌乱的感觉。

该版面为旅游杂志的对页设计,在左页中首先将主要图片放大置于版面上方,文字和其他图片则横向置于版面居中位置;在右页中,选用两栏的分割方式,将图片和文字分别进行安置,整个版面采用不同的编排形式,不但使版面显得紧凑,同时也给人丰富的旅游信息。

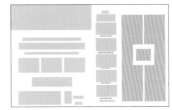

重叠型版面相对于其他版面造型来说更加新颖、独特，以重叠的方式将文字或图形、图片进行相互交错叠加，可呈现出富有变化的版面效果。

将版面中各元素的局部进行重叠，并通过不同元素的色彩叠加，可使版面色彩更加丰富，同时也能增强版面层次感，使版面产生一种跳跃感。利用重叠的视觉元素可以达到引人注目的目的。

版面采用重叠的文字，将不同色彩的文字进行局部重叠后置于版面上方位置，而下方则预留较大的空间来配置文字和徽标，版面疏密有致，富有创意感。

将多张形式相近的图片进行层叠的重复摆放，使其成为一个整体，此时所形成的组合图片既不会出现零散的状态，又能表现出图片之间的相互关联。再配以色彩的区分，可以使画面更具美感。

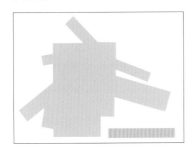

将不同形态和不同色彩的人物剪影重叠于一点上，层叠的剪影图片形成一种既聚拢又富有层次的感觉，使人印象深刻。

构成类型应用

在下面的书籍内页设计中，整个对页采用左疏右密的编排形式。在左页中设置变形文字图片与正文，营造出大量的版面空间；而右侧的版面则将多张图片进行重叠摆放，给人紧凑、密集的印象。左右对页疏密有致、相辅相成，产生别有韵味的书籍内页效果。

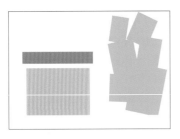

① 适当的留白

② 变形文字

③ 以色调分类图片

④ 图片重叠摆放

设计鉴赏分析

分析1

适当的留白

在左页的设计中，上方适当地留白，让整个版面左右对比更加明确，显得更加疏密有致。

分析2

变形文字的添加

选用伴有图形装饰的艺术文字做标题，并加以出血展示，延展了版式空间，丰富了版式整体表现力。

分析3

图片的分类

将明亮色调的图片置于版面上方，昏暗色调的图片置于版面下方，上明下暗的排版方式能够体现出良好的轻重感。

分析4

将图片重叠摆放

将较多数量的图片进行局部上的相互叠压、重叠，表现出图片间良好的互动性以及相互间的关联感。

8.4 版式设计的经典形式

版式的构成形式是保证版面美感的主要手法，版式形式并没有绝对的法则可循，需要在大量的设计实践中熟能生巧，在掌握版式相关的构成形式后方能丰富版面的设计内涵。

版式设计中的所有形式法则都具有不同的表现特点和作用，在实际应用中，这些法则相互关联，对版面产生积极制约的作用，并为版面设计提供强有力的依据，很大程度上帮助设计者抓住设计精髓，使设计作品变得生动并且富有内涵。若是在设计中善于把握对称与均衡、对比与调和、节奏与韵律等相关版式的构成形式，在提高设计效率的同时，也能创造出富有美感的版面效果。

版面中的对比关系

8.4.1 对称与均衡

对称与均衡表现为既对称又均衡的构成形式，两者互为统一体，其实质都是以获得视觉或心理上的平衡感和稳定感为主要目的。关于对称与均衡这一形式法则，可以从对称均衡与非对称均衡两类观点中进行理解和掌握。

1. 对称均衡

对称均衡是指利用版面结构的左右、上下的对称，使版面在"量"和"形"上达到一种绝对的或者相对的平衡，对称均衡的版面构成方式可使版面呈现出一种庄重、严肃的感觉。

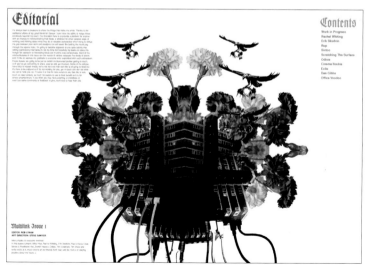

页面在左右对称中达到均衡，并在版面页角位置配以合适的文字，版面形式简洁，给人以稳重、严肃的感觉。

在力求对称与均衡的版面中，采用某种形式上的对称和内容的均衡同样能够得到视觉缓和的版面效果。将版面元素以等量不等形的形式安排在版面当中，此时所获得的心理上"量"的均衡状态也能带来视觉上的均衡感。

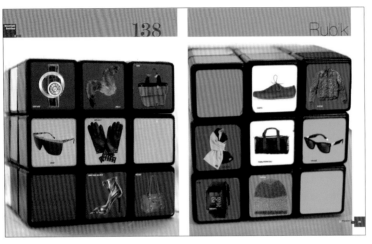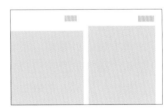

▲ 在该幅对页设计中，左右页面中的图案并非左右对称，在形式上也有着不尽相同的形态，但由于均采用单独的图片形式占据单页的版面，因此保证了画面的均衡效果。

2. 非对称均衡

非对称均衡版面追求心理上"量"的均衡状态，而不是要求形式上的绝对对称，通常可通过图片的交错、疏密、黑白等不同方式达到这一目的。相对于对称均衡，非对称均衡版面更为灵活、生动。

▲ 在这个页面中，版面以多个相同的六边形进行格局分布，并在不同的图形中添加不同的图片和文字信息，留白版面和黑色轮廓线的添加使版面呈现出均衡状态。

经典形式应用

热卖食品DM单设计

如下图所示为食品DM单的设计效果，将美味的食物图片最大程度地展现在版面之中是最能吸引消费者眼球的手段之一。另外，合理地对图片进行摆放以及文字的添加，都是决定DM单能否准确传达食品信息的关键所在。

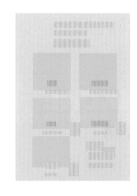

❶ 卡通人物形象

❷ 整齐的图片排放

❸ 文字信息

❹ 醒目的标志

设计鉴赏分析

分析1

卡通形象的添加

将卡通的人物形象置于版面上方位置，利用卡通人物欢喜的表情营造出温馨、愉悦的氛围。

分析2

整齐摆放的图片

利用整齐的排列方式将食品图片置于版面视觉中心位置，整齐的摆放使食物一目了然地呈现在版面之中。

分析3

文字信息的传达

选用粗体文字作为DM单的标题文字样式，并利用鲜艳的黄色将重点的文字信息突出显示，有效地传递出版面信息。

分析4

醒目的标志设计

在版面右下角位置预留出一定空间，用于标志的摆放，醒目的标志能够树立良好的行业形象。

对比是将不同视觉元素作强弱对照时所运用的手法，也是使版面获得强烈视觉效果最重要的手段。对比与调和看似一对矛盾体，在实质上却是相辅相成的统一体。视觉元素之间无不存在对比关系，而调和则是在对比中寻求共同点，缓和版面元素间的对比矛盾，使画面富有变化，同时营造版面的美感。

1. 黑白的对比与调和

黑与白有强烈的色彩对比关系，因其没有色相和纯度的分别，只存在明度上的差别，因此在调和之后可以得到线条干净、简洁的效果。

▲ 画面中使用黑白双色构成整个版面的主要色调，黑色背景上，白色文字与图形产生鲜明的明暗对比效果，同时营造出强烈的视觉空间感与差异感。

2. 色彩的对比与调和

色彩的对比主要表现为两个或更多色块的相对色域多与少、大与小之间的比例关系，其中色彩形象所占位置的不同，也会给画面带来不同的视觉效果。通过色彩的突显对比，不仅能增强画面的视觉感染力，还有助于表现富有创意的画面主题。

▲ 在该幅平面广告作品中，汽车的红色占据画面大篇幅的面积，与站立的人物的白色着装形成强烈的对比差异，从而给人留下视觉上的冲击力；同时版面左下方黑底白字的添加同样也形成了强烈的对比。

3. 冷暖色调的对比与调和

冷与暖作为一对相对立的关系，对人类而言其实是一种视觉印象。在版面构成中可以通过图片的冷暖色调进行分类，将这两类对比明显的图片分别进行摆放，通过冷暖色调的对比，使画面呈现出格局分明的效果。

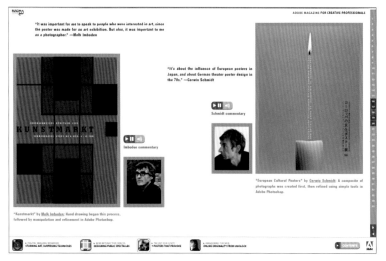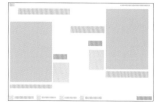

▲ 将画面中呈现较多红色的暖色调图片置于版面左侧位置，而将以蓝色为主的冷色调图片置于版面右上角位置，通过左右页面中图片的冷暖对比形成风格迥然的格局分布，同时大面积留白与少量文字的添加则很好地对冷暖色调所形成的强烈对比进行调和。

4. 大小关系的对比与调和

对比同时也是差异性的强调，其中视觉要素的大小对比影响着版面的构成结构。通过对元素大小的对比，可以使人清楚地认清版面中的重要与次要元素之间的相互关系，同时利用视觉元素的大小对比关系还能增强画面层次感。

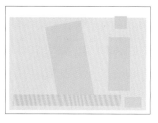

▲ 在该汽车广告设计中，设计者利用大小不一的脚掌作为画面主题内容，以生动、形象的表现形式传递出广告的中心思想，给人活泼、趣味的视觉感受。

5. 主与从的对比

　　版面中的各元素之间应遵循主与从的相互关系，就如主角和配角一般，如果两者的关系模糊，会令人无所适从，因此，扮演好各自的角色，通过主与从的对比，可以使版面呈现出层次分明、主次表现准确的效果。

右图为红酒宣传广告，版面旨在展示红酒可以搭配肉质酥软的烤鸡这一主题，因此主要表现了酒杯碰撞间形成雄鸡的画面，产品图片则被缩小放置在画面上方，这样的展示显得主次分明，突出主题的同时也宣传了产品形象。

6. 正与反的对比与调和

　　正与反的对比也就是我们常说的"图与底"的对比关系。在平面设计中，正反图形的使用屡见不鲜，它不仅能提高画面的表达能力，也能在视觉上产生强烈的视觉错乱和冲击力，从而给人留下无限的想象空间。

设计者利用钢笔笔尖的图形构成一幅表意明确的招贴。其中笔缝的空隙替换为USB的接线口，正负形的运用恰如其分，整个版面创意独特，使人产生无限的遐想。

经典形式应用

如下图所示为一幅公益海报设计，整个海报以醒目的黑白对比为主调，同时采用正反对比，通过熊猫和羚羊图形的完美组合形成别具深意的海报效果，突显呼吁人们不仅要保护大熊猫，还要保护其他动物的主题，海报主题明确、发人深省。

① 鲜明的黑白对比

② 正反图形

③ 动物形象

④ 主题文字

设计鉴赏分析

分析1

鲜明的黑白印象

整个海报以无彩色的黑与白构成，对比强烈的黑白色调使画面显得单纯并且结构分明，给人留下深刻印象。

分析2

正反图形运用

画面以众多的熊猫图形构成，利用正与反的对比手法，使熊猫图形与羚羊图形合二为一。

分析3

生动的动物形象

由众多大小不一的熊猫图形构成羚羊形状，手法独特，生动的动物形象丰富了画面质感，给人富有意味的感触。

分析4

主题文字的添加

利用黑体标准文字做标题文字，置于版面右下方空白位置，在突显海报主题的同时也使画面更加完整。

节奏与韵律来自于音乐的概念，后来也作为版式设计中常用的构成形式。节奏是均匀的重复，是一种有规律的跳动，是在不断重复中产生的频率变化；韵律不再是简单的重复，而是赋予重复的图形以强弱起伏、抑扬顿挫的规律变化。节奏与韵律互相依存，韵律通过节奏的变化而变得丰富，节奏是在韵律基础上的发展。

1. 重复图形产生的节奏与韵律

无论是图形、文字或色彩等视觉要素，在符合某种规律的情况下发生连续不断的重复，此时由重复图形所形成的版面结构能够赋予视觉和心理上的节奏感。

在黑色背景上，由多个形态完全一致的卡通人物整齐地排列，重复的人物形象使版面显得规整和统一，并通过每个卡通人物的色彩变化制造出较强的节奏感，使其产生韵律。

利用无数形态相似或相近的图形组合也能表现出版面中的节奏与韵律感。将不断重复的众多图形进行大小、方向、疏密等的调整和变化，使版面呈现出更为自由、灵活的空间效果。其中节奏的强弱主要根据图形的大小和编排情况而定。

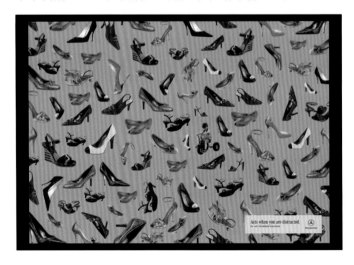

版面由众多样式各异的鞋子组成，这些鞋子以不同的大小、摆放方式等铺满整个版面，使版面呈现出一种紧凑、密集的空间感受，从而产生出丰富的节奏感。

2. 通过图片的递增或递减来表现韵律

　　将图片按照由大至小或者由小至大的规律依次进行摆放，此时所呈现的版面会产生富有变化的节奏感和韵律感，同时递增或递减的排列方式还能制造出方向感，使版面产生运动感。

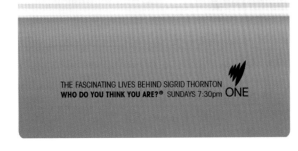

版面展示了一种最基本的由大至小的递减关系，将物体按照大小的关系依次进行排列，此时所产生的节奏富有强烈的秩序感。

3. 通过远近方向表现节奏感

　　将统一的图片按照一定的方向进行编排，可以使原本平淡、无趣的版面呈现出更具动感和指向性的效果，由于方向感可产生一种延伸感，因此可以给人留下更具动感的节奏韵律。

在该平面广告作品中，画面以拟人化的企鹅形象为主题，将企鹅按照重复规律的排列，并使其产生由小至大的变化，整个画面生动有趣并且富有方向感。

经典形式应用

如下图所示的招贴利用餐具大做文章，分别利用新旧餐具的对比以及由近至远的摆放方式，使整个版面形成和谐的节奏与韵律感；同时利用新旧餐具的对比表现出无与伦比的招贴创意效果。

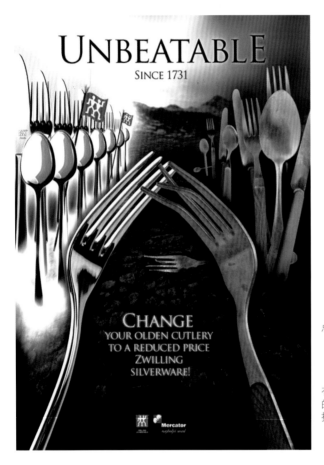

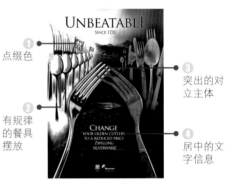

① 点缀色

② 有规律的餐具摆放

③ 突出的对立主体

④ 居中的文字信息

设计鉴赏分析

分析1

点缀色红色

在整个低明度的招贴设计中，小面积的红色显得格外醒目，与版面下方的红色形成呼应，点缀整个画面。

分析2

规律的餐具摆放

将新旧餐具以对立的形式分别摆放在画面左右两侧，并按照由近至远的方向使画面呈现延伸感和空间感。

分析3

独立的主体形象

将单独的新旧叉子并置在画面最前方的视觉中心位置，与后方的餐具形成较好的主次关系，画面层次分明。

分析4

居中的文字信息

将文字居中对齐摆放在两叉子交织的空间里，与画面上方的标题中线对齐，画面中心对称，给人稳定的印象。

变化与统一是版面形式美的总法则，两者的完美结合是构成版面最根本的要求，同时也是体现艺术表现力的首要因素之一。变化是一种智慧和想象的表现，也是造成视觉上的跳跃感最重要的条件，在版面中我们常借助变化与统一来展现版面的创意之美。

1. 变化带来的视觉跳跃

在众多的信息中，利用色彩的变化可以表现出极强的视觉跳跃感，随着视觉冲击力的增强，版面更容易引起读者的关注，这种利用色彩的变化拉开版面视觉落差的方式，能使版面更具注目性。

版面中利用纯度不同的色彩配色将版面划分为面积不等的三个板块，其中左侧稍小面积的暖色调与右侧较大面积的冷色调形成对比，从而营造出视觉上的跳跃感。

2. 保持版面的统一性

统一主要用于强调版面各元素间的一致性，在富有变化的版面中，运用统一法则最能使版面达到协调，统一的手法可借助均衡、调和、秩序等形式法则。

在一片旺盛的葵花丛中，人物穿着与背景花丛色调一致的橙色和绿色服饰矗立在花丛之中，与背景花丛合二为一，版面呈现出很好的统一性。

3. 图形的特异变化

图形的特异变化是一项有规律的突破，是根据变异的形式美原则，在许多重复或近似的基本形中出现一小部分特异的形状，而这一点与拥有统一形式的基本型形成差异对比，从而成为画面上的焦点。

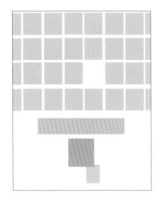

▕▏▕▏▶

版面的上方位置由众多形状一致的玩具鸭子组成，整齐的摆放使版面呈现统一、有秩序的印象；而在众多的玩具形状之间，白色的圆点格外突出，与下方的白底红字方块形成呼应。

图形的特异变化还体现在相同图形的大小变化上，在相同的基本形构成中，只在图形大小上做些特异的变化，将个别的形象以或大或小的形式区别于基本形，此时画面所产生的变化可以使版面形成统一与变化并进的效果。

◀▏▏▏

将简单的圆环整齐排列，并在合适位置处选择某一圆环进行放大处理，使其突出于其他的圆环；并在放大的圆环中添加醒目文字，版面简洁却不失变化。

经典形式应用

设计独特的人才招聘广告

下图为一幅人才招聘类广告的设计效果，版面由桌面游戏的形式转换而来，运用人物玩偶来比喻招聘人士，画面下方的白色圆圈代表招聘过程中会遇到的困难或陷阱，而画面中心位置的女性玩偶以芭蕾姿态不同于其他玩偶。整个广告以独特的表现形式告诫大家，在面临困难时，只有掌握随机应变，才能在众多竞争对手中众脱颖而出。

❶ 互补色调的运用

❷ 图形的整齐编排

❸ 特殊的玩偶造型

❹ 广告主题信息

设计鉴赏分析

分析1

互补色的使用

选用互为补色的蓝色和红色作为人偶的色彩，给人丰富、具有感官刺激的视觉感受。

分析2

整齐的图形编排

将红、蓝色的人物玩偶按照一定的秩序安排在画面之中，版面整齐并且具有规律性。

分析3

突出的玩偶形象

粉红色的玩偶以优美的芭蕾姿态展现在画面视觉中心位置，设计者巧妙运用图形的变异，赋予版面更多的变化。

分析4

广告主题信息

将广告的主题信息以亮色突出的方式置于版面右下角位置，既不影响版面的美观，又能将信息准确传达。

虚实与留白是版面设计中重要的视觉传达手段，主要用于为版面增添灵气和制造空间感。两者都是采用对比与衬托的方式将版面中的主体部分烘托而出，使版面结构主次更加清晰，同时也能使版面更具层次感。

1. 利用留白突出重心

留白即指版面中未配置任何图文的空间，在版面中巧妙地留出空白区域，使留白空间更好地将主体衬托，将读者视线集中在画面主题之上。留白的手法在版式设计中运用广泛，可使版面更富空间感，给人丰富的想象空间。

设计者利用大面积的白色背景将画面中心的辣椒和下方的产品形象突出，画面干净、简洁，给人留下深刻的印象。

2. 虚实相生强调主体

任何形体都具有一定的实体空间，而在形体之外或形体背后呈现的细弱或朦胧的文字、图形和色彩就是虚的空间。实体空间与虚的空间之间没有绝对的分界，画面中每一个形体在占据一定的实体空间后，常常会需要利用一定的虚的空间来获得视觉上的动态与扩张感。版面虚实相生，主体得以强调，画面更具连贯性。

Start hearing life again.

SIEMENS
HEARING INSTRUMENTS

在大面积的空白区域里，实体风铃清晰地展现在画面之中，而利用较虚弱的线条绘制的树枝作为虚的背景，很好地将主体突出。虚实空间形成良好的互动，画面富有写意感。

3. 营造意境的留白

留白除了用于突出主体之外，其对于创造意境也有重要作用。特别是在以人物为题材的版面中，有意将主体放置在页面的一侧，而另一侧预留出较多面积的留白，可使画面呈现出不一样的意境效果，让人产生无限的遐想。

画面中将老人的形象置于画面右下侧位置，并在人物背部朝向的方向留出较大的留白空间，同时配合整个画面简单的色调，顿时烘托出一种寂寥、孤独的意境。

4. 用图形的强弱表现虚实

在中国传统美学中有"计白当黑"的说法，在大面积的黑色空间中，利用图形间的强弱对比关系营造出的虚实效果可赋予空间更多变化，使版面更加完美。

画面中心的人物造型在黑色留白背景中显得轮廓清晰而醒目，利用光影的强弱对比，使得主体人物突出又富有立体感。

经典形式应用

这是一个封面设计，不仅能够直接地将其名称、主题内容展示出来，同时通过版面图片和物体的安排还能营造出一种空间感，给人带来强烈的视觉体验。

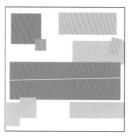

① 突出的标题
② 文字的空间
③ 文字左对齐
④ 实景再现

设计鉴赏分析

分析1

直接、醒目的刊名

选择字号较大、色彩对比强烈的醒目文字，直接将刊名、刊号展示出来，这是封面设计的最主要目的。

分析2

文字的空间感

通过文字的透视变化，使文字具有一定的空间感，同时也能使版面具有一定的空间关系。

分析3

左对齐的文字

文字使用左对齐的方式，使文字组合中有一条虚拟的直线，让版面整体结构上保持齐整。

分析4

利用实物营造氛围

通过将实物放置在画面中，使画面具有一种真实的氛围感，这样也让版面具有很强的空间感。

层次清晰的网站主页设计

如下图所示为儿童服饰类的网站主页设计，整个页面以满版的儿童写真为主题，利用清晰的文字排版以及简洁的版面构成，使整个网站主页层次清晰，给人一目了然的感觉。

① 清晰的粗体文字

在网站标题和导航的设计上，选用笔画清晰、字体较规范的粗体文字，文字可读性强，同时也赋予页面整齐、规范的印象。

② 满版的图片展示

将儿童写真进行大胆裁剪后置于页面之中，满版的图片安排使画面饱满，赋予画面无限活力，同时也能很好地传递出该网站的主题。

③ 醒目的文字按钮

采用对比的手法，利用深蓝色的色条将白色文字突出，使文字更加清晰地展现，同时多种色彩的添加使得画面层次更加丰富。

④ 整齐排列的信息文字

将信息文字以左对齐的方式进行排列，让文段显得更加端正、美观；同时利用宽松的文字间距，增强文字可读性。

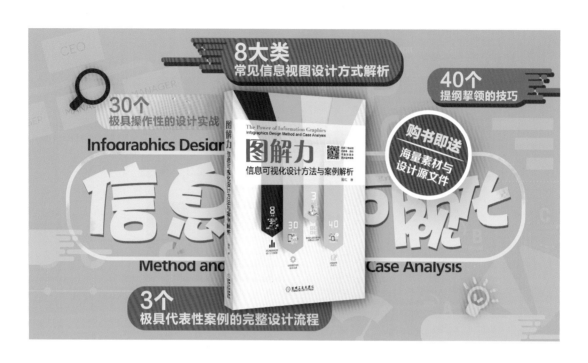